面向"十二五"高职高专规划教材·计算机系列

Photoshop 图形图像处理
实用教程
（第2版）

主　编　潘红艳

副主编　曹玉红

U0268381

清 华 大 学 出 版 社

北京交通大学出版社

·北京·

<h2 style="text-align:center">内 容 简 介</h2>

　　本书以软件技术为主线，对每个技术的重点内容进行详细介绍，精选大量的任务案例，在案例制作中让读者掌握 Photoshop 的大量知识及操作技能。全书共分 12 章，主要内容包括：图像处理基础、图像选择技术、图层应用技术、绘图与修图技术、图像色调与色彩调整、路径的应用、通道与蒙版、文字的使用、滤镜的使用、动作与历史记录的使用、动画制作和综合实例。每章都有配套的课后习题，课后习题包含理论习题和操作习题。另外，本书还为读者准备了 Photoshop 的快捷键索引，以方便读者快速查找使用。

　　本书图文并茂，实例丰富，所选实例都是非常实用的案例项目。本书附带的电子资源，内容包括所有的任务案例及课后习题的源文件、素材文件及教学 PPT。读者可以通过在线方式获取这些资源。

　　本书非常适合高校和培训机构相关专业课程的教材，也可以作为图像处理、数码设计等行业人员学习 Photoshop 的参考资料。

图书在版编目（CIP）数据

Photoshop 图形图像处理实用教程 / 潘红艳主编．—2 版．—北京：北京交通大学出版社：清华大学出版社，2019.1（2024.2 重印）

ISBN 978-7-5121-3747-9

Ⅰ．①P…　Ⅱ．①潘…　Ⅲ．①图象处理软件　Ⅳ．①TP391.413

中国版本图书馆 CIP 数据核字（2018）第 240832 号

Photoshop 图形图像处理实用教程
Photoshop TUXING TUXIANG CHULI SHIYONG JIAOCHENG

责任编辑：谭文芳

出版发行：清 华 大 学 出 版 社　　邮编：100084　　电话：010-62776969　　http://www.tup.com.cn
　　　　　北京交通大学出版社　　邮编：100044　　电话：010-51686414　　http://www.bjtup.com
印 刷 者：北京时代华都印刷有限公司
经　　销：全国新华书店
开　　本：185 mm×260 mm　　印张：19　　字数：486 千字
版　　次：2019 年 1 月第 2 版　　2024 年 2 月第 6 次印刷
书　　号：ISBN 978-7-5121-3747-9/TP·866
印　　数：9 001～10 000 册　　定价：45.00 元

本书如有质量问题，请向北京交通大学出版社质监组反映。对您的意见和批评，我们表示欢迎和感谢。
投诉电话：010-51686043，51686008；传真：010-62225406；E-mail：press@bjtu.edu.cn。

前　言

Photoshop 是 Adobe 公司推出的图像编辑软件，提供了强大的图像编辑和处理功能，广泛应用于出版印刷、海报设计、广告设计、包装设计、网页设计等领域。该软件界面简洁、处理命令灵活、操作工具简单易用、图像处理功能强大，用户可以轻松地制作出高质量的图像作品。

本书在讲解知识时打破传统的菜单命令讲授的方式，采用任务引领的方式，把知识有效地融入到任务案例中去。每个任务包括相关知识和实施步骤，相关知识主要讲解完成本任务所必须掌握和了解的基础知识，实施步骤是完成本任务的具体步骤。每个任务都是实际应用的例子，让读者在完成任务的过程中，既能掌握基础的知识，又能体验成果的乐趣。综合实例精选平面制作领域的三个典型案例，每个案例由设计思路和制作步骤组成，让读者在制作过程中，能够掌握该平面设计领域必要的知识和典型的制作技巧。每章都配有小结和习题，习题包括理论习题和操作习题。另外，本书还为读者准备了 Photoshop 的快捷键索引，以方便读者快速查找使用。

Photoshop 的版本很多，目前最新的版本是 CC，本书介绍的是 CC 2017 版本。本书由 12 章、共 32 个任务组成，主要介绍了图像处理基础、图像选择技术、图层应用技术、绘图与修图技术、图像色调与色彩调整、路径的应用、通道与蒙版、文字的使用、滤镜的使用、动作与历史记录的使用、动画制作和综合实例。

本书图文并茂，实例丰富，所选实例都是非常实用的案例项目。本书附带的电子资源，包括所有的任务案例及课后习题的源文件、素材文件及教学 PPT，读者可通过在线方式获得。下载地址为 https://pan.baidu.com/s/1dULcJSwCYnUAEjEqSDcw-g，提取密码为 tht9。

本书第 1 章、第 2 章、第 3 章、第 4 章、第 5 章、第 6 章、第 7 章由浙江工商职业技术学院潘红艳编写，第 8 章、第 9 章由宁波昕奕网络科技有限公司郭新霞编写，第 10 章、第 11 章、第 12 章由山东工业学校曹玉红编写。

本书由潘红艳担任主编，曹玉红担任副主编，全书由潘红艳统稿。

本书适合作为高职高专图像处理课程的教材，也可作为图像处理爱好者自学使用。

限于作者自身的水平，加之时间仓促，书中难免存在疏漏之处，敬请专家和广大读者批评指正，如果您有任何问题、意见或建议，可以咨询客服或发送到 254569767@qq.com，我们会尽快予以答复。

下面是电子资源下载及咨询客服 QQ 的二维码。

资源下载

客服 QQ

编者

2018 年 9 月

目　　录

第1章　图像处理基础

本章要点：

- ☑ 图像格式
- ☑ 颜色基础知识
- ☑ 颜色模式
- ☑ Photoshop 基本操作

图像是自然界景物的客观反映，是人类认识世界和自身的重要知识源泉。而图形图像数字化就是将"自然界景物"转换成计算机中存储的二进制信息，包括设计采集、量化、编码三个步骤。Adobe Photoshop 是当今最流行的图像处理软件，广泛应用于各行各业。它可以对图像进行修描、加入特效，可以修补照片、调整色彩，还可以给灰度图像加入彩色效果，也可以用 Photoshop 提供的绘图工具进行水彩画、油画等创作。

1.1　图像处理基础知识

要想创作与制作出高品质的图像作品，掌握图像处理的基本理论知识是前提，只有掌握了图像处理的基础知识，才能在使用、编辑、存储图像的过程中，准确地选择合适的设置。

1.1.1　位图与矢量图

计算机绘图分为位图图像和矢量图形两大类，认识它们的特色和差异，有助于创建、输入、输出编辑和应用数字图像。位图图像和矢量图形没有好坏之分，只是用途不同而已。因此，整合位图图像和矢量图形的优点，才是处理数字图像的最佳方式。

1. 位图图像

位图图像也叫栅格图像，Photoshop 及其他的绘图软件一般都使用位图图像。位图图像由像素组成，每个像素都被分配一个特定位置和颜色值。在处理位图图像时，编辑的是像素而不是对象或形状，也就是说，编辑的是每一个点。

位图图像与分辨率有关，即在一定面积的图像上包含有固定数量的像素。因此，如果在屏幕上以较大的倍数放大显示图像，或以过低的分辨率打印，位图图像会出现锯齿边缘，如图 1-1 所示。

2. 矢量图形

矢量图形由矢量定义的直线和曲线组成，Adobe Illustrator、CorelDraw、CAD 等软件是以矢量图形为基础进行创作的。矢量图形根据轮廓的几何特性进行描述。图形的轮廓画出后，被放在特定位置并填充颜色。移动、缩放或更改颜色不会降低图形的品质。

　　矢量图形与分辨率无关，将它缩放到任意大小和以任意分辨率在输出设备上打印出来，都不会影响清晰度，如图 1-2 所示。因此，矢量图形是制作文字（尤其是小字）和线条图形（比如徽标）的最佳选择。

图 1-1　位图图像　　　　　　　　　　　　　　图 1-2　矢量图形

1.1.2　分辨率

　　分辨率是屏幕图像的精密度，是指显示器单位长度内所能显示的点（即像素）的多少。由于屏幕上的点、线和面都是由像素组成的，显示器可显示的像素越多，画面就越精细，同样的屏幕区域内能显示的信息也越多，所以分辨率是非常重要的性能指标之一。分辨率包括图像分辨率、扫描分辨率、设备分辨率和图像位分辨率等。

　　1．图像分辨率（ppi）

　　图像分辨率指图像中存储的信息量。这种分辨率有多种衡量方法，典型的是以每英寸的像素数（ppi）来衡量。图像分辨率和图像尺寸（高宽）的值决定文件的大小及输出的质量，该值越大图形文件所占用的磁盘空间也就越多。图像分辨率以比例关系影响着文件的大小，即文件大小与其图像分辨率的平方成正比。如果保持图像尺寸不变，将图像分辨率提高一倍，则其文件大小增大为原来的四倍。

　　2．扫描分辨率（spi）

　　扫描分辨率指在扫描一幅图像之前所设定的分辨率，它将影响所生成的图像文件的质量和使用性能，它决定图像将以何种方式显示或打印。如果扫描图像用于 640×480 像素的屏幕显示，则扫描分辨率不必大于一般显示器屏幕的设备分辨率，即一般不超过 120 dpi。

　　3．设备分辨率（dpi）

　　设备分辨率又称输出分辨率，指的是各类输出设备每英寸上可产生的点数，如显示器、喷墨打印机、激光打印机、绘图仪的分辨率，这种分辨率通过 dpi 来衡量。

　　4．图像位分辨率

　　图像位分辨率又称位深，是用来衡量每个像素储存信息的位数。这种分辨率决定可以标记为多少种色彩等级的可能性。一般常见的有 8 位、16 位、24 位或 32 位色彩。有时也将位分辨率称为颜色深度。所谓"位"，实际上是指 2 的平方次数，8 位即是 2 的八次方，也就是 8 个 2 相乘，等于 256。所以，一幅 8 位色彩深度的图像，所能表现的色彩等级是256 级。

1.1.3　图像格式

根据记录图像信息的方式和压缩图像数据的方式的不同，图像文件可以分为多种格式，每种格式的文件都有相应的扩展名。在实际工作中，由于用途不同，要使用的文件格式也不一样。常见的图像文件格式有以下几种。

1．PSD 格式

该格式是 Photoshop 默认的图像文件格式，它可以保存图像数据的每一个细小部分，如层、蒙版、通道等，还可以保存具有调节层、文本层的图像。PSD 格式存储的图像文件通常比较大，但因为 PSD 格式不会造成任何的数据丢失，所以在编辑过程中，最好还是保存为 PSD 格式的文件，以方便修改。

2．JPEG 格式

JPEG 格式的扩展名是 JPG。它是一种图像文件压缩率很高的有损压缩文件格式，其压缩比率通常在 10∶1～40∶1 之间，普遍用于图像显示和一些超文本文档中。JPEG 格式支持 CMYK、RGB 和灰度颜色模式，不支持 Alpha 通道。JPEG 格式的图像主要压缩的是高频信息，对色彩的信息保留较好，因此也普遍应用于需要连续色调的图像中。

3．BMP 格式

BMP 是英文 Bitmap（位图）的简写，它是 Windows 操作系统中的标准图像文件格式，能够被多种 Windows 应用程序所支持。随着 Windows 操作系统的流行与丰富的 Windows 应用程序的开发，BMP 位图格式理所当然的被广泛应用。这种格式的特点是包含的图像信息较丰富，几乎不进行压缩，但由此导致了它与生俱来的缺点：占用磁盘空间过大。

4．TIFF 格式

TIFF 格式的扩展名是 TIF，它是一种非失真的压缩格式（最高也只能做到 2～3 倍的压缩比），能保持原有图像的颜色及层次，但占用空间却很大。例如一个 200 万像素的图像，差不多要占用 6 MB 的存储容量，所以 TIFF 常被应用于较专业的领域，如书籍出版、海报等，极少应用于互联网上。

5．GIF 格式

扩展名是 GIF。它在压缩过程中，图像的像素资料不会被丢失，然而丢失的却是图像的色彩。GIF 格式最多只能储存 256 色，它使用 LZW 压缩方式将文件压缩，不会占用大量磁盘空间，因此 GIF 格式广泛应用于 HTML 网页文档中，或网络上的图片传输，还支持透明背景及动画格式。

6．PNG 格式

PNG 是一种新兴的网络图像格式，采用无损压缩的方式。用于在网上进行无损压缩和显示图像，在网页中常用来保存背景透明和半透明的图片，是 Fireworks 默认的格式。

7．SVG 格式

SVG 的英文全称为 scalable vector graphics，意思为可缩放的矢量图形。它是基于 XML、由 W3C 联盟进行开发的。严格来说应该是一种开放标准的矢量图形语言，可设计出激动人心的、高分辨率的 Web 图形页面。用户可以直接用代码来描绘图像，可以用任何文字处理工具打开 SVG 图像，通过改变部分代码来使图像具有交互功能，并可以随时插入到 HTML 中通过浏览器来观看。

它提供了目前网络流行格式 GIF 和 JPEG 无法具备的优势：可以任意放大图形显示，但绝不会以牺牲图像质量为代价；字在 SVG 图像中保留可编辑和可搜寻的状态；平均来讲，SVG 文件比 JPEG 和 GIF 格式的文件要小很多，因而下载也很快。

1.1.4　颜色基础知识

色彩是人对眼睛视网膜接收到的光做出反应，在大脑中产生的某种感觉。物体表面色彩的形成取决于 3 个方面：光源的照射和物体本身的反射，以及环境与空间对物体色彩的影响。色彩分为无彩色系与有彩色系。

1．无彩色系

无彩色系是指白色、黑色和由白色黑色调和形成的各种深浅不同的灰色。无彩色按照一定的变化规律，可以排成一个系列，由白色渐变到浅灰、中灰、深灰到黑色，色度学上称此为黑白系列。黑白系列中由白到黑的变化，可以用一条垂直轴表示，一端为白，一端为黑，中间有各种过渡的灰。纯白是理想的完全反射的物体，纯黑是理想的完全吸收的物体。可是在现实生活中并不存在纯白与纯黑的物体，颜料中采用的锌白和铅白只能接近纯白，煤黑只能接近纯黑。无彩色系的颜色只有一种基本性质——明度。它们不具备色相和纯度的性质，也就是说它们的色相与纯度在理论上都等于零。色彩的明度可用黑白度来表示，越接近白色，明度越高；越接近黑色，明度越低。黑与白作为颜料，可以调节物体色的反射率，使物体色提高明度或降低明度。

2．有彩色系

有彩色系简称彩色系。彩色是指红、橙、黄、绿、青、蓝、紫等颜色。不同明度和纯度的红、橙、黄、绿、青、蓝、紫色调都属于有彩色系。有彩色是由光的波长和振幅决定的，波长决定色相，振幅决定色调。

有彩色系的颜色具有三个基本特性：色相、纯度（也称彩度、饱和度）和明度。在色彩学上也称为色彩的三大要素或色彩的三属性。

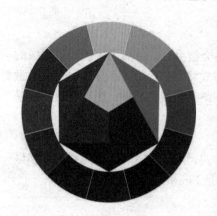

图 1-3　十二色相环

（1）色相

色相即各类色彩的相貌称谓，如大红、普蓝、柠檬黄等。色相是色彩的首要特征，是区别各种不同色彩的最准确的标准。任何黑白灰以外的颜色都有色相的属性。十二色相环（见图 1-3）是由原色、二次色和三次色组合而成。色相环中的三原色是红、黄、蓝色，彼此势均力敌，在环中形成一个等边三角形。二次色是橙、紫、绿色，处在三原色之间，形成另一个等边三角形。红橙、黄橙、黄绿、蓝绿、蓝紫和红紫六色为三次色。三次色是由原色和二次色混合而成。

（2）纯度

纯度又称为饱和度或彩度，指色彩的纯净程度，它表示颜色中所含有色成分的比例。含有色彩成分的比例越大，则色彩的纯度越高，含有色成分的比例越小，则色彩的纯度也越低。可见光谱的各种单色光是最纯的颜色，为极限纯度。当一种颜色中掺入黑、白或其他彩色时，纯度就产生变化。

（3）明度

明度是指色彩的明亮程度。各种有色物体由于它们的反射光量的区别而产生颜色的明暗强弱。色彩的明度有以下两种情况。

① 同一色相不同明度。如同一颜色在强光照射下显得明亮，弱光照射下显得较灰暗模糊，同一颜色加黑或加白掺和以后也能产生各种不同的明暗层次。

② 各种颜色的不同明度。每一种纯色都有与其相应的明度。黄色明度最高，蓝紫色明度最低，红、绿色为中间明度。色彩的明度变化往往会影响到纯度，如红色加入黑色以后明度降低了，同时纯度也降低了；如果红色加白则明度提高了，纯度却降低了。

有彩色的色相、纯度和明度三特征是不可分割的，应用时必须同时考虑这三个因素。

1.1.5　颜色模式

颜色模式是指图像在显示或打印输出时定义颜色的不同方式。常见的颜色模式有 RGB 模式、CMYK 模式、Lab 模式、HSB 模式、位图模式和灰度模式等。

1．RGB 模式

RGB 模式定义颜色由红（red）、绿（green）和蓝（blue）3 种原色组合而成（见图 1-4），由这 3 种原色混合可以产生成千上万种颜色。在 RGB 模式下的图像是 3 通道图像，每一个像素由 24 位的数据表示，因此每一种原色都可以表现出 256 种不同浓度的色调，3 种原色混合起来就可以生成 1670 万种颜色，也称 24 位真彩色。

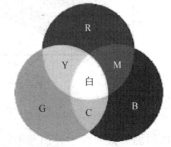

图 1-4　三原色

2．CMYK 模式

CMYK 模式是一种印刷模式，它由分色印刷的 4 种颜色组成，即青色（cyan）、洋红色（magenta）、黄色（yellow）和黑色（black）。在 CMYK 模式下的图像是 4 通道图像，每一个像素由 32 位的数据表示。

在处理图像时，一般不采用 CMYK 模式，因为这种模式文件大，会占用大量的磁盘空间和内存。通常都是在需要印刷时才转换成这种模式。

3．Lab 模式

Lab 模式是由国际照明委员会（CIE）于 1976 年公布的一种色彩模式。Lab 模式由三个通道组成，它的一个通道是亮度，即 L，另外两个是色彩通道，用 A 和 B 来表示。A 通道包括的颜色是从深绿色（底亮度值）到灰色（中亮度值）再到亮粉红色（高亮度值），B 通道则是从亮蓝色（底亮度值）到灰色（中亮度值）再到黄色（高亮度值）。因此，这种色彩混合后将产生明亮的色彩。

Lab 模式所定义的色彩最多，且与光线及设备无关并且处理速度与 RGB 模式同样快，比 CMYK 模式快很多。而且，Lab 模式在转换成 CMYK 模式时色彩没有丢失或被替换。

在表达色彩范围上，处于第一位的是 Lab 模式，第二位的是 RGB 模式，第三位是 CMYK 模式。

4．HSB 模式

HSB 模式是一种基于人的直觉的颜色模式。HSB 模式描述颜色有 3 个特征：色相（hue）、饱和度（saturation）和亮度（brightness）。

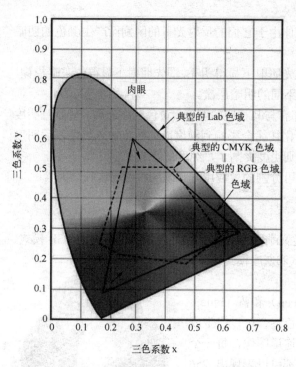

图 1-5 色域

5. 位图模式

位图模式只有黑和白两种颜色，它的每一个像素只包含 1 位数据，占用的磁盘空间最少。因此，在该模式下只能制作一些黑白两色的图像，而无法制作出色调丰富的图像。

6. 灰度模式

灰度模式也是用黑白两色来进行显示的模式。但灰度模式中的每个像素是由 8 位数据来记录的，因此能够表现出 256 种色调。灰度模式的图像可以直接转换成黑白模式的图像和 RGB 模式的彩色图像。同样，黑白模式图像和彩色模式图像也可以直接转换成灰度模式图像。

不同颜色模式的色域如图 1-5 所示。

1.2 Photoshop 工作界面

启动 Photoshop CC 后，打开默认的工作界面，该界面主要由菜单栏、工具选项栏、工具面板、图像窗口、文件选项卡、浮动面板和状态栏七部分组成，如图 1-6 所示。

图 1-6 工作界面

1. 菜单栏

菜单栏位于工作界面的最顶部，Photoshop CC 将所有的功能命令分类后，分别放入文件、编辑、图像、图层、文字、选择、滤镜、3D、视图、窗口和帮助 11 个菜单中。只要单击其中一个菜单，随即会出现一个下拉菜单命令，如图 1-7 所示。

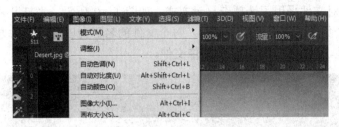

图 1-7　菜单栏和下拉菜单命令

2．工具选项栏

工具选项栏位于工作界面中菜单栏的下方，用于对工具进行各种属性设置。选取某个工具后，工具选项栏会变成相应工具的属性设置栏，可以对工具属性进行各种设置。选择画笔工具 后，工具选项栏如图 1-8 所示。

图 1-8　工具选项栏

3．工具面板

启动 Photoshop 时，默认情况下，工具面板会显示在工作界面的左侧。依据功能与用途大致可分为选取和编辑类工具、绘图类工具、修图类工具、路径类工具、文字类工具、颜色类工具及预览类工具。单击工具面板中的 ，打开【自定义工具栏】面板，如图 1-9 所示。用户可以根据实际需要，自定义工具箱中的常用工具。

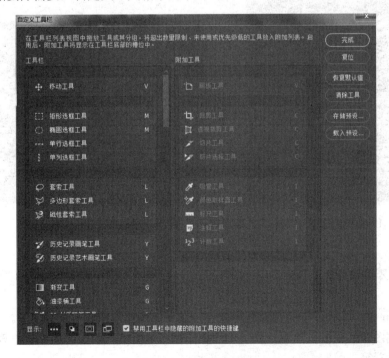

图 1-9　自定义工具栏

4．文件选项卡

Photoshop 中对文件采用了选项卡显示方式，如图 1-10 所示。当打开多个文件时，默认情况下这些文件会集中在一个窗口中显示，每个文件的名称会以选项卡的方式显示。用户可以直接单击其标签，切换窗口中显示的图像文件。

图 1-10　选项卡

5．图像窗口及状态栏

图像窗口是创建新文件或打开图像时显示的窗口，其作用相当于画布，可以对图像进行编辑处理。可以通过执行【图像】|【画布大小】命令，来修改画布的大小，如图 1-11 所示。

状态栏位于图像窗口的底部，用于显示图像文件的显示比例、文件大小、操作状态和提示信息等。

6．浮动面板

浮动面板是用于配合图像编辑、查看及设置 Photoshop 各项功能的窗口。常见的浮动面板有【颜色】面板、【历史记录】面板、【图层】面板、【通道】面板等，如图 1-12 所示。

图 1-11　修改画布大小　　　　　　图 1-12　浮动面板

1.3　基本操作

Photoshop 作为一种流行的图像处理软件，在图像处理方面做得相当出色。在 Photoshop 中无论是绘制图像还是编辑图像，最基本的操作是必须要掌握的，比如文件管理、图像窗口操作、辅助设置等。

1.3.1　文件管理

1. 新建文件

执行【文件】|【新建】命令或按下 Ctrl+N 键，打开【新建文档】对话框，如图 1-13 所示。

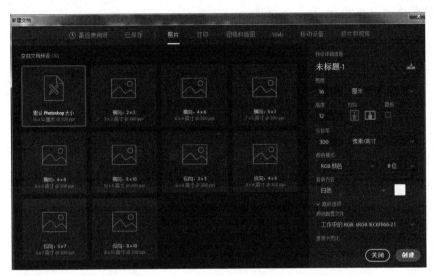

图 1-13　【新建文档】对话框

Photoshop CC 2017 中，【新建文档】对话框与旧版的有所不同。新建文档的预设变得更为智能，不仅展示方式变得更为直接，而且变得更全、更强大。新增的预设有照片、打印、图稿和插图、Web、移动设备、胶片和视频。通过系统提供的预设，用户可以轻松地选择需要的文档尺寸。

技巧：执行【编辑】|【首选项】|【常规】，在打开的对话框中勾选"使用旧版'新建文档'界面"，可以使用旧版的【新建文档】对话框。

【新建文档】对话框中的各个选项及功能如下。

- 【名称】：为新建的文件命名，默认名称为"未标题-1"。
- 【宽度】/【高度】：设置文档的宽度和高度。单位有：像素、英寸、厘米、毫米、磅、派卡。
- 【分辨率】：用户可根据需要修改分辨率。通常来说，用于屏幕显示（如网页、PPT 等）设为 72，用于报纸印刷设为 150，用于彩色打印等设为 200，用于印刷、出版等设为 300。
- 【颜色模式】：在下拉列表中可以选择【位图】【灰度】【RGB 颜色】【CMYK 颜色】和【Lab 颜色】，关于这几种颜色模式可以参见 1.1.5 节。
- 【背景内容】：设置新建图像背景图层的颜色，有三个选项：【白色】【黑色】【背景色】。用户可以单击右侧的拾色器，自定义背景图层的颜色。
- 【高级选项】：包括【颜色配置文件】和【像素长宽比】两个选项。【颜色配置文件】

中提供了 10 多种颜色配置文件，用户可以根据需要选取一个颜色配置文件。对于【像素长宽比】，除非用于视频图像，一般选取"方形像素"。

2．打开文件

（1）打开

执行【文件】|【打开】命令，打开【打开】对话框，如图 1-14 所示。利用该命令可以打开要编辑的图像或已有的 Photoshop 文件。

图 1-14 【打开】对话框

（2）打开为智能对象

执行【文件】|【打开为智能对象】命令，可以将对象打开为智能对象，智能图层对象与普通图层对象不同，如图 1-15 所示。

（a）智能图层对象　　　　　　　　　（b）普通图层对象

图 1-15 智能图层对象与普通图层对象

智能对象是 Photoshop 中的重要功能之一，智能对象是包含栅格或矢量图像中的图像数据的图层。智能对象将保留图像的源内容及其所有原始特性，执行非破坏性变换。可以对图层进行缩放、旋转、斜切、扭曲、透视变换或使图层变形，而不会丢失原始图像数据或降低品质，因为变换不会影响原始数据。两者的区别在于：

    ☙ 智能图层对象可以任意放大或者缩小，不会对其本身的清晰度产生任何影响，是非破坏性的，便于后期各种还原操作；

    ☙ 普通图层对象，在放大或者缩小，后会改变源对象的像素值，清晰度，且无法还原。

3．存储文件

如果是从未保存过的图像文件，执行【文件】|【存储】命令或按下 Ctrl+S 键，打开【另

存为】对话框，如图 1-16 所示，可以根据需要选择不同的存储格式，Photoshop CC 支持的图像格式有 20 多种。

图 1-16　【另存为】对话框

对于已经保存过的图像文件，进行了修改后，如果执行【文件】|【存储】命令，则保存为原来保存过的格式，如果想保存为其他的格式，则应执行【文件】|【存储为】命令。

4．导入导出文件

（1）导入文件

执行【文件】|【导入】命令，可以将一些从输入设备上得到的图像文件或者 PDF 格式的文件直接导入到 Photoshop 的工作区内，也可以将视频帧导入到图层中，如图 1-17 所示。

（2）导出文件

执行【文件】|【导出】命令，可以将图像导出为其他的格式，如图 1-18 所示。

图 1-17　将视频导入图层　　　　　　　　　图 1-18　文件导出

1.3.2　图像窗口操作

在 Photoshop 中处理图像时，很多情况下需要同时编辑多个图像，这就需要掌握图像窗口的操作，以提高工作效率。

1. 改变图像窗口的位置和大小

将鼠标指针移动到窗口标题栏上，单击鼠标左键的同时，拖动图像窗口到适当的位置释放鼠标就可以移动图像窗口的位置。

将鼠标指针移动到图像窗口的边框上面，当鼠标指针改变形状时单击并拖动窗口边框，即可改变窗口的大小。

如果要在不同的图像窗口之间切换，有两种方法：

① 用鼠标直接在另一幅图像窗口的标题栏上单击；

② 按下 Ctrl+Tab 或 Ctrl+F6 键可以切换到下一个窗口，按下 Shift+Ctrl+Tab 或 Shift+Ctrl+F6 键，可以切换到上一个窗口。

2. 切换屏幕显示方式

Photoshop 中提供了 3 种不同的屏幕显示模式，分别为标准屏幕模式、带有菜单栏的全屏模式和全屏模式。单击屏幕模式按钮，可以进行屏幕模式的切换。

提示：连续按下 F 键多次，可以在 3 种屏幕模式之间切换，也可以按下 Tab 或 Shift+Tab 键，显示或隐藏工具箱与控制面板。

3. 图像窗口的叠放

在处理图像时，如果打开了多个窗口，屏幕会显得很乱，为了方便查看，需要对多个窗口进行排列。

① 执行【窗口】|【排列】|【层叠】命令，可以层叠的方式排列多个打开的图像窗口。

② 执行【窗口】|【排列】|【平铺】命令，可以平铺的方式排列多个打开的图像窗口，效果如图 1-19 所示。

图 1-19　平铺方式

1.3.3　辅助设置

在制作图像作品时，可以通过 Photoshop 提供的标尺、参考线、网格等工具协助完成图像的制作。

1．标尺

标尺是 Photoshop 提供的一种很有用的功能。使用标尺可以准确地显示出当前光标所在的位置和图像的尺寸，还可以更准确地对齐对象和选取范围。执行【视图】|【标尺】命令或按下 Ctrl+R 键，可以显示或隐藏标尺。

2．参考线

参考线也是 Photoshop 提供的一个比较有用的功能，在使用钢笔工具进行形状绘制时经常需要用到参考线。在使用参考线前，必须先显示标尺，然后将鼠标对准水平或垂直标尺，按下鼠标左键拖至窗口中合适位置，释放鼠标就可显示参考线，如图 1-20 所示。

可以根据需要绘制多条参考线，参考线也可以移动、删除、锁定、显示或隐藏，这些操作可通过【视图】菜单中的相应命令实现。

3．网格

网格可用来对齐参考线，也可在制作图像的过程中对齐物体。执行【视图】|【显示】|【网格】命令，可以在图像文件中显示出网格，如图 1-21 所示。

 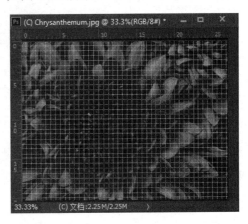

　　　　图 1-20　参考线　　　　　　　　　　　　　　图 1-21　网格

小结

本章主要介绍了图像处理的基础知识及 Photoshop 的基本操作，让读者了解到图像的格式、颜色的基础知识、Photoshop 中重要的颜色模式，以及 Photoshop 中的文件管理、图像窗口操作和辅助设置，为后面的学习打下基础。

习题 1

1．存储预设的内容不包括_____。

    A．分辨率   B．背景内容   C．色彩模式   D．色彩范围

2．Photoshop 的默认文件格式是_____。

    A．JPEG   B．PSD   C．TIF   D．BMP

3．分辨率是指单位面积内图像所包含_____的多少，通常用_____表示。

4．_____是构成图像的最小单位，位图中的每一个色块就是一个_____。

5．常见的图像文件格式有哪几种？

6．位图与矢量图有什么区别？

7．自己动手安装 Photoshop CC 软件。

第2章　图像选择技术

本章要点：

☑ 规则选区的创建及编辑

☑ 不规则选区的创建及编辑

☑ 选区的载入与存储

2.1　任务1　规则选区的创建

通过绘制图 2-1 所示阴阳太极的，使读者掌握选区的概念，了解选区的几种运算，能够利用选取工具创建规则形状的选区。

图 2-1　阴阳太极

2.1.1　相关知识

1. 选区的基本概念

选区是指图像中用户指定的一个特定的图像区域，选区表现为短的黑白相间的选段沿所选区域的边缘顺时针跳动，如图 2-2 所示。

图 2-2　选区

与选区有关的命令都可在【选择】菜单中找到，几个常用的选择命令的功能和操作如下。

①【全选】：将图像全部选中，快捷键为 Ctrl+A。

②【取消选择】：取消已选取的范围，快捷键为 Ctrl+D。

③【反选】：用于将当前选区范围反转，快捷键为 Shift+Ctrl+I。

④【重新选择】：用于重复上一次操作中的范围选取，快捷键为 Shift +Ctrl+D。

2．规则选区的创建

在 Photoshop 中可以利用选取工具创建选区，也可以利用选区命令来创建选区，选区命令有【色彩范围】命令。选取工具主要有：选框工具组、套索工具组和魔棒工具组。选框工具组通常用来创建规则形状的选区，而对于不规则形状的选区常选用套索工具组或魔棒工具组来创建。

选框工具组是最基本、最简单的选择工具，主要用于创建简单的选区及图形的拼接、剪裁等。使用该组工具可以创建四种形状的选区：矩形、椭圆、单行（行宽为 1 个像素）和单列（列宽为 1 个像素），如图 2-3 所示。

图 2-3　选框工具

选择一种选框工具后，工具选项栏如图 2-4 所示。

图 2-4　工具选项栏

（1）修改选区操作

在工具选项栏上有四种修改选区的操作：新选区■、添加到选区■、从选区减去■、与选区交叉■。各种选区的效果如图 2-5 所示。

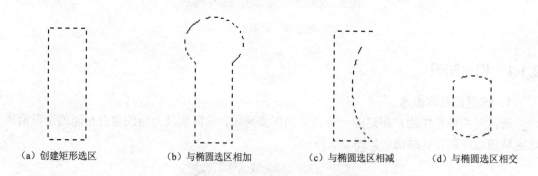

（a）创建矩形选区　　　　（b）与椭圆选区相加　　　　（c）与椭圆选区相减　　　　（d）与椭圆选区相交

图 2-5　选区的添加、减少与相交

● 新选区■：选中任意一种选框工具后的默认状态，此时即可以选取新的范围。

● 添加到选区■：单击该按钮■，或者按下 Shift 键后进行选取，都可以实现选区的添加，其结果是两个选区的并集。

● 从选区减去■：单击该按钮■，或者按下 Alt 键后进行选取，都可以减少选区，其结果是两个选区的差集。

● 与选区交叉▣：单击该按钮▣，或者同时按下 Alt+Shift 键进行选取，其结果是原有选区与新增选区的重叠部分。

（2）羽化

羽化是通过创建选区与其周边像素的过渡边界，使边缘模糊，产生融合的效果。在创建选区之前，可以通过工具选项栏先设置羽化值，也可以在选区创建完成后，通过执行【选择】|【修改】|【羽化】命令来设置羽化值。不同羽化值的效果如图 2-6 所示。

(a) 羽化值为 0　　　(b) 羽化值为 5　　　(c) 羽化值为 8

图 2-6　不同羽化值的羽化效果

（3）消除锯齿

Photoshop 中的图像是由像素组成的，像素实际上是正方形色块，所以当进行圆形选取或其他不规则选取时就会产生锯齿边缘。设定消除锯齿效果如图 2-7 所示。

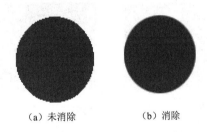

(a) 未消除　　　(b) 消除

图 2-7　设定消除锯齿效果图

注意：对于设定【消除锯齿】功能，必须在选取范围之前设定，否则这项功能不能实现。消除锯齿功能仅在椭圆选框工具的选项栏中可以使用，而在另外三种选框工具中则不可以使用。

（4）样式

该选项用来设置矩形选区或椭圆选区的长宽比。有三个选项：【正常】【固定比例】【固定大小】。默认选项为【正常】，可以通过拖动确定选的大小和比例。【固定比例】是可以强制设定长宽的比例，系统的默认值为"1∶1"，也可以在宽度和高度文本框中更改比例。【固定大小】用于创建固定尺寸的选区，可以在宽度和高度文本框中精确设定所要创建的矩形或椭圆形选区的大小。

2.1.2　实施步骤

步骤 1：执行【文件】|【新建】命令或按下 Ctrl+N 键，打开【新建】对话框，设置【名

称】为"阴阳太极"，大小为 500 像素×500 像素，【分辨率】为"72"，【颜色模式】为"RGB 颜色"，如图 2-8 所示。

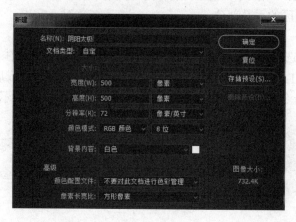

图 2-8　新建文件

　　步骤 2：设置前景色为 RGB（50，223，251），选择油漆桶工具，或按下 Alt+Delete 键填充背景图层。

　　步骤 3：执行【视图】|【标尺】命令，显示标尺，在水平和垂直方向各新建一条参考线，如图 2-9 所示。

图 2-9　新建参考线

　　步骤 4：单击创建新图层按钮，新建图层 1，选择椭圆选框工具，按下 Shift+Alt 键，绘制以水平和垂直参考线交叉点为中心的圆，填充颜色 RGB（0，0，0），按下 Ctrl+D 键，取消选区，如图 2-10 所示。

　　步骤 5：在圆的右半部分绘制矩形选区，按下 Ctrl+U 键，将【明度】设置为"+100"，如图 2-11 所示。

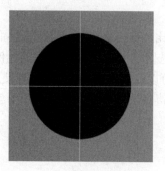

图 2-10　绘制圆形　　　　　　　图 2-11　调整右半圆颜色

提示：如果用油漆桶工具  对同一个椭圆选区多次填充颜色，由于边缘是通过计算来填充的，会造成边缘颜色填充不完整，从而形成边缘线残留，如图 2-12 所示。为了避免边缘线残留，建议采用通过调整【色相/饱和度】的方法来修改颜色。

步骤 6：复制图层 1 为图层 2，按下 Ctrl+T 键，将其宽度和高度设置为原来的"50%"。按下 Ctrl+U 键，打开【色相/饱和度】对话框，将【明度】设置为"-100"，调整其位置到上半圆，如图 2-13 所示。

图 2-12　残留边缘线

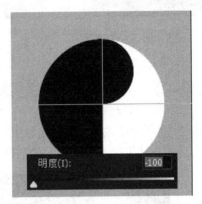

图 2-13　设置上半部分圆

步骤 7：复制图层 2 为图层 3，按下 Ctrl+U 键，打开【色相/饱和度】对话框，将【明度】设置为"+100"，调整其位置到下半圆，如图 2-14 所示。

步骤 8：复制图层 3 为图层 4，按下 Ctrl+T 键，将其宽度和高度设置为原来的"50%"。按下 Ctrl+U 键，打开【色相/饱和度】对话框，将【明度】设置为"-100"，如图 2-15 所示。

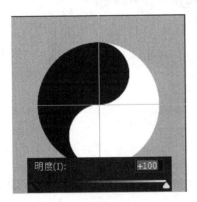

图 2-14　设置下半部分圆

图 2-15　设置下半圆中的小圆

步骤 9：复制图层 2 为图层 5，按下 Ctrl+T 键，将其宽度和高度设置为原来的"50%"，按下 Ctrl+U 键，打开【色相/饱和度】对话框，将【明度】设置为"+100"，如图 2-16 所示。

步骤 10：执行【文件】|【存储】命令或按下 Ctrl+S 键，存储"阴阳太极.psd"文件，最终效果及图层结构如图 2-17 所示。

图 2-16　设置上半圆中的小圆

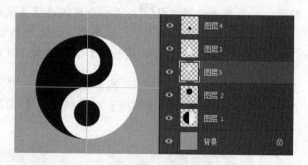

图 2-17　最终效果及图层结构

2.2　任务 2　创建不规则选区

通过如图 2-18 所示图像的合成，使学生掌握不规则选区的创建及编辑方法，能够根据实际需要选用合适的方法进行不规则选区的创建。

图 2-18　液晶电视

2.2.1　相关知识

1. 套索工具组

套索工具组用于创建不规则形状的选区。包括 3 种工具：套索工具🔲、多边形套索工具🔲和磁性套索工具🔲。

（1）套索工具🔲

它用于建立自由形状的选区，选区不是很精确，与自由手绘方式类似：按住鼠标左键拖动鼠标，沿着需要选取的范围边缘绘制，当回到起始点位置时，释放鼠标，封闭选区。其工具选项栏中各项的含义与选框工具的工具选项栏中相同。

提示：在创建选区时，如果鼠标指针没有与起点重合，在释放鼠标后，会自动与起点之间生成一条直线，将选区封闭。

（2）多边形套索工具

它用于创建不规则形状的多边形区域。使用方法如下：

① 在工具箱中单击选择多边形套索工具；

② 将鼠标指针移到图像窗口中单击，确定开始点；

③ 移动鼠标指针至下一转折点单击。

当确定好全部的选取范围并回到开始点时，光标右下角会出现一个小圆圈，然后单击即可完成选取操作。

提示： 在创建选区时，若终点没有回到起点，双击鼠标左键可自动连接起点与终点，从而形成一个封闭的选区。

（3）磁性套索工具

它适用于快速选择边缘与背景对比强烈且边缘复杂的对象。选择磁性套索工具后，工具选项栏如图 2-19 所示。

图 2-19　磁性套索工具选项栏

其工具选项栏中各选项功能如下。

● 【宽度】：用于设置磁性套索检测指针周围区域大小，数值越大探查范围越大。

● 【对比度】：用来设置对图像边缘的灵敏度，其数值在 1%～100%之间，设置较高的数值只检测与它们的环境对比鲜明的边缘，而较低的数值则检测低对比度边缘。

● 【频率】：用来指定套索边节点的连接速度，其数值在 1～100 之间，数值越大选取外框速度越快

● 光笔压力：用来设置绘图板的画笔压力。

在工具箱中选择磁性套索工具，在工具选项栏中设置好相关的选项，然后用鼠标单击选择起始点，拖动鼠标，该工具会自动选取和起始点像素值相近的区域，整个过程中可以通过单击鼠标确定新的轮廓，选区完成后只需把鼠标移至起始点处，等到鼠标右下角出现一个小圆圈，用鼠标单击即可完成选区的选取，如图 2-20 所示。

图 2-20　利用磁性套索工具创建选区

2．魔棒工具组

魔棒工具组包括两种工具：魔棒工具 和快速选择工具 。

（1）魔棒工具

根据在图像中单击处的颜色范围来创建选区。通常在图像的颜色和色调比较单一时使用该选择工具。其工具选项栏中各参数含义如下。

● 【容差】：表示颜色的选择范围，数值在 0～255 之间，其默认值为 32。容差值越小，选取的颜色范围越小，反之，则越大。如图 2-21 所示。

● 【连续的】：启用该选项，表示只能选中与单击处相连区域中的相同像素，禁用该选项，则能够选中图像中符合该像素要求的所有区域。

● 【用于所有图层】：该复选框用于具有多个图层的图像。未选中它时，工具只对当前选中的层起作用。若选中它则对所有层起作用，即可以选取所有层中相近的颜色区域。

（a）容差 32   （b）容差 60

图 2-21　不同容差时的选取范围

（2）快速选择工具

快速选择工具类似于笔刷，并且能够调整圆形笔尖大小绘制选区。在图像中单击并拖动鼠标即可绘制选区。这是一种基于色彩差别但却是用画笔智能查找主体边缘的方法。选择快速选择工具后，其工具选项栏如图 2-22 所示。

图 2-22　快速选择工具选项栏

● 选区方式。三个按钮从左到右分别是：新选区 ，添加到选区 ，从选区减去 。没有选区时，默认的选择方式是新选区；选区建立后，自动改为添加到选区；如果按住 Alt 键，选择方式变为从选区减去。

● 画笔。初选离边缘较远的较大区域时，画笔尺寸可以大些，以提高选取的效率；但对于小块的主体或修正边缘时则要换成小尺寸的画笔。总的来说，大画笔选择快，但选择粗糙，容易多选；小画笔一次只能选择一小块主体，选择慢，但得到的边缘精度高。

提示：在建立选区后，按"["键可减小画笔大小，"]"键可增大画笔大小。

● 【自动增强】：勾选此项后，可减少选区边界的粗糙度和块效应，使选区向主体边缘进一步流动并做一些边缘调整。一般应勾选此项。

● 【对所有图层取样】当图像中含有多个图层时，选中该复选框，将对所有可见图层的
图像起作用，没有选中时，魔棒工具只对当前图层起作用。

3．利用【色彩范围】命令创建选区

利用【色彩范围】命令创建选区，不但可以一边预览一边调整，还可以不断地完善选区
的范围。步骤如下。

（1）执行【选择】|【色彩范围】命令，打开【色彩范围】对话框，如图 2-23 所示。

图 2-23　【色彩范围】对话框

（2）从【选择】下拉列表框中选取需要选择的颜色，或者选择【取样颜色】，使用吸管工
具选取颜色。

如果对已经选择的区域不满意，可以利用三个吸管工具来扩大或减少选取的范围。单击
添加到取样，可以扩大选区，单击减少到取样，可以缩小选区。

（3）在【颜色容差】文本框中输入数值或拖动滑块来设置选取颜色的范围。容差越大，
选取范围越大。

（4）选择【选择范围】单选按钮时，预览框中显示的是创建的选区，白色表示选择区域，
黑色表示未选择区域，选择【图像】单选按钮时，预览框中显示原始的整个图像。

（5）可以在【选区预览】下拉列表中选择一种选区在图像窗口中显示的方式。

2.2.2　实施步骤

步骤 1：执行【文件】|【打开】命令，打开"草地.jpg"。双击背景图层，将其变为普通
图层，重命名为"草地"，如图 2-24 所示。

图 2-24　重命名背景图层

步骤 2：选择魔棒工具 ，设置【容差】为"50"，先在图像左上方单击，然后单击鼠标右键，选择【选取相似】，得到如图 2-25 所示的选区，按下 Delete 键，删除天空。

（a）容差为"50"时的选区　　　　　　　　　　（b）选取相似后的选区

图 2-25　删除天空

步骤 3：打开"白云.jpg"，选择移动工具 ，将白云图像拖入"草地"文件，生成图层 1，将图层 1 重命名为"白云"。将"白云"图层移动到"草地"图层的下方，如图 2-26 所示。

图 2-26　复制白云图像

步骤 4：打开"液晶电视.jpg"，选择多边形套索工具 ，绘制如图 2-27 所示的选区，选择移动工具 ，将液晶电视图像拖动到"草地"文件，生成图层 1，将图层 1 重命名为"液晶电视"。

图 2-27　绘制液晶电视选区

步骤 5：执行【编辑】|【变换】|【水平翻转】命令，将液晶电视图像翻转，按下 Ctrl+T 键，将其宽度和高度均设置为原来的 80%，并调整其位置，如图 2-28 所示。

图 2-28　变换并调整液晶电视图像

步骤 6：将"电视屏幕.jpg"图像复制到"草地"文件，将图层重命名为"电视屏幕"。按下 Ctrl+T 键，将其缩小，单击工具选项栏中的变形按钮，将电视屏幕图像变换到适合液晶电视屏幕，如图 2-29 所示。

图 2-29　变换液晶电视屏幕图像

步骤 7：选择魔棒工具，设置【容差】为"25"，在白色背景上单击，按下 Shift+Ctrl+I 键，将选区反选，生成蝴蝶选区。将蝴蝶图像复制到"草地"文件，将图层重命名为"蝴蝶"，调整其位置如图 2-30 所示。

图 2-30　设置蝴蝶图像

2.3　任务3　图像选区的编辑

通过绘制如图 2-31 所示的垃圾篓，使读者熟练掌握选区的绘制及编辑方法，掌握选区的存储及载入。

图 2-31　垃圾篓

2.3.1　相关知识

1. 移动选区

移动选区的方法很简单，只要使当前工具为任意一种选取工具，然后将光标移动到选区内，拖动即可将选区移动到指定位置。如果需要对选区的位置进行精细调节，可以通过使用方向键来完成。每按一次方向键，选区移动一个像素的距离。

提示： 移动过程中同时按下 Shift 键，可以使选区按垂直、水平或 45° 角方向移动。

2. 修改选区

执行【选择】|【修改】，可以使用户以五种不同的方式来修改选区：边界、平滑、扩展、收缩和羽化。

（1）边界

该命令可在原有选区周围选取像素区，这一边界的尺寸取决于输入像素值，数值在 1～200 之间。边界区域会根据输入的像素值自动计算其内部和外部范围，而在内部和外部都有羽化的边缘，效果如图 2-32 所示，从图（c）中可看出羽化效果。

（a）原有选区　　　　　（b）执行边界 20 像素命令　　　　　（c）填充后的羽化效果

图 2-32　执行边界命令的效果

（2）平滑

执行【选择】|【修改】|【平滑】命令，打开【平滑选区】对话框，在【取样半径】中输入半径值，范围是 1～100。可以将选区变成平滑的效果，是通过设置选区边界的最小半径来实现的，如图 2-33 所示是将选区平滑 20 像素的效果。

（a）原有选区　　　　　　　　　　　　　（b）平滑 20 像素后的选区

图 2-33　执行平滑命令的效果

（3）扩展和收缩

【扩展】和【收缩】命令的用法很相似。【扩展】命令能将选区边界向外扩大 1～100 个像素；【收缩】命令能将选区边界向内收缩 1～100 个像素。

（4）羽化

该命令在 2.1 节中已介绍，在此不赘述。

3. 扩大选取与选取相似

对于已经建立的选区，可以执行【选择】|【扩大选取】或【选择】|【选取相似】命令。

（1）扩大选取

执行该命令可以将原有的选取范围扩大。所扩大的范围是原有的选取范围相邻和颜色相近的区域。如图 2-34（b）所示。

（2）选取相似

执行该命令也可将原有的选取范围扩大，类似于【扩大选取】。但是它所扩大的选择范围不限于相邻的区域，只要是图像中有近似颜色的区域都会被涵盖。如图 2-34（c）所示。

（a）原选区　　　　　　　　　　　　　　　（b）扩大选取

图 2-34　扩大选取与选取相似效果

（c）选取相似

图 2-34　扩大选取与选取相似效果（续）

4．变换选区

执行【选择】|【变换选区】命令，可以实现对选区任意变换。执行变换选区命令后，选区的边框会出现 8 个节点，用鼠标拖动节点可以实现对选区的放大、缩小和旋转等操作，也可以执行【编辑】|【变换】命令，实现对选区的斜切和扭曲操作，如图 2-35 所示。

图 2-35　变换选区效果

5．选区描边

在创建选区后，执行【编辑】|【描边】命令或者在右键菜单中选择【描边】，可以实现对选区的描边。不同的效果如图 2-36 所示。

（a）内部描边　　　　　　　　（b）居中描边　　　　　　　　（c）居外描边

图 2-36　描边效果

6．选区的存储与载入

在使用完一个选区后，可以将它保存起来，以备重复使用。保存后的选区范围将成为一个蒙版显示在通道面板中，当需要时可以从通道面板中装载进来。

（1）存储选区

执行【选择】|【存储选区】命令，打开【存储选区】对话框，如图 2-37 所示。

- 【文档】：保存选取范围时的文件位置，默认为当前图像文件。
- 【通道】：为选取范围选取一个目的通道，默认情况下选取范围被存储在新通道中。
- 【名称】：设定新通道的名称。该文本框只有在【通道】下拉列表中选择了【新建】选项时才有效。
- 【操作】：如果在【通道】选项中选择一个已有的通道，则可在【操作】选项选择操作方式，包括【新通道】【添加到通道】【从通道中减去】【与通道交叉】。

（2）载入选区

执行【选择】|【载入选区】命令，打开【载入选区】对话框，如图 2-38 所示。

图 2-37　【存储选区】对话框　　　　　　图 2-38　【载入选区】对话框

- 【文档】：选择图像文件名，即从哪一个图像中安装进来。
- 【通道】：选择通道名称，即选择安装哪一个通道中的选取范围。
- 【反相】：选中该复选框，则将选取范围反选。
- 【操作】：选择载入方式，默认为【新建选区】，其他的只有在图像上已有选区时才可以使用。

7．选择并遮住

选择并遮住是 Photoshop CC 2017 新增的一项功能。利用它，可以不需要任何外挂和滤镜就可以达到很准确的抠图效果，适合抠取发丝等较细小的对象。使用方法如下。

（1）打开待编辑图像，执行【选择】|【选择并遮住】命令，打开如图 2-39 所示的【选择并遮住】对话框。

（2）在视图模式中选择"叠加模式"，勾选"智能半径"。选择快速选择工具 ，设置适当的画笔大小，选择要抠取的主体部分，如图 2-40 所示。在选择过程中，要根据选择部分的不同变换画笔大小，移动不透明度滑块，则可以选择原始图像和当前选择之间的平衡。找到完美的平衡，以便看到尚未选择的区域。

（3）选择调整边缘画笔工具 ，适当设置画笔大小，涂抹胡须部分，涂抹时，笔触中心十字点尽量不要涂抹到毛发主体，如图 2-41 所示。

图 2-39 【选择并遮住】对话框

图 2-40 选择主体部分

（4）切换到黑白视图模式，会发现除了抠取对象外还有残留的背景，如图 2-42 所示。

图 2-41 涂抹胡须

图 2-42 黑白视图模式

（5）选择画笔工具 ，把不需要的白色涂抹掉。适当设置羽化值和调整对比度。效果如图 2-43 所示。

（6）输出中设置【输出到】为"新建带有图层蒙版的图层"，单击【确定】按钮，在背景图层上添加纯色图层，以观察抠图效果，如图 2-44 所示。

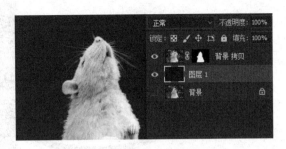

图 2-43　涂抹白色　　　　　　　　　　　　　　图 2-44　效果

2.3.2　实施步骤

步骤 1：新建一个 800 像素×800 像素、白色背景、分辨率为 72dpi、颜色模式为 RGB 的文件，命名为"垃圾篓"。新建图层 1，选择椭圆选框工具，绘制椭圆，填充蓝色：RGB（65，65，165），如图 2-45 所示。

图 2-45　绘制并填充选区

步骤 2：用方向键将选区向上移动 10 个像素，按下 Shift+Ctrl+I 键，将选区反选，按下 Ctrl+J 键，复制生成图层 2。

步骤 3：按下 Ctrl 键，单击图层 1，载入图层 1 的选区，按下 Shift 键，按向下方向键 2 次，将选区向下移动 20 个像素，执行【选择】|【变换选区】，按下 Alt 键，将选区宽度缩小为原来的 97%，如图 2-46 所示。

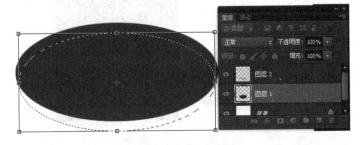

图 2-46　移动并收缩选区

步骤 4：按下 Shift+Ctrl+I 键，将选区反选。按下 Ctrl+J 键，复制生成图层 3。将图层 3 拖动到图层 2 上方，隐藏图层 1，效果如图 2-47 所示。

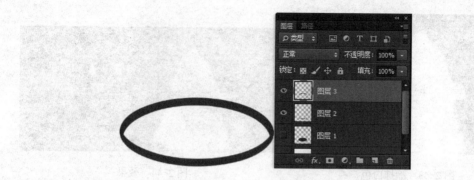

图 2-47　垃圾篓底部边框

步骤 5：选择图层 2，载入图层 2 选区，将选区向上移动 3 个像素，执行【选择】|【修改】|【羽化】命令，半径为 2 像素。执行【图像】|【调整】|【亮度/对比度】命令，打开【亮度/对比度】对话框，设置【亮度】为"-30"，【对比度】为"-30"。参数设置及效果如图 2-48 所示。

步骤 6：选择图层 1，执行【图像】|【调整】|【亮度/对比度】命令，打开【亮度/对比度】对话框，设置【亮度】为"-40"，【对比度】为"-30"。参数设置及效果如图 2-49 所示。

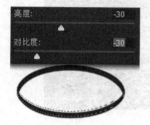

图 2-48　调整图层 2 的亮度对比度

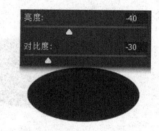

图 2-49　调整图层 1 的亮度对比度

步骤 7：在图层 1 上新建图层，载入图层 1 的选区。选择渐变工具，设置前景色为白色，背景色为黑色，在选区内从右下至左上拉径向渐变。将图层混合模式设为"正片叠底"，不透明度降低为"30%"，按下 Ctrl+E 键，将图层向下合并到图层 1，如图 2-50 所示。

图 2-50　添加径向渐变

步骤 8：在图层 3 上新建图层 4，载入图层 1 的选区，将选区向上移动 20 个像素，执行【选择】|【变换选区】命令，水平缩放设置为"102%"，按下 Enter 键，完成变换。将前景色设为蓝色：RGB（65，65，165），按下 Alt+Delete 键，填充前景色，如图 2-51 所示。

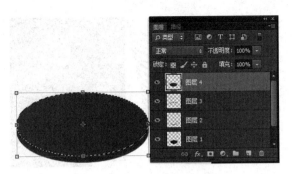

图 2-51　新建图层 4 并填充

步骤 9：执行【选择】|【修改】|【收缩】命令，收缩 5 个像素。再将选区向上移动 2 像素，按下 Delete 键，删除，制作一条横纹，如图 2-52 所示。

步骤 10：按下 Ctrl+D 键，取消选区，考虑到完成后可能要往篓子里装东西，必须分成前后两层来做。选择矩形选框工具，在上半部绘制选区，羽化值为 1，如图 2-53 所示。

图 2-52　制作一条横纹

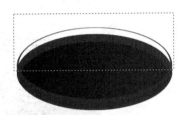

图 2-53　绘制矩形选区

步骤 11：按下 Ctrl+X 键，再按下 Ctrl+V 键，粘贴出新图层 5。粘贴时图像会自动贴在画布的中间，要把它移回来。给图层 4 命名为"前"，图层 5 命名为"后"。

步骤 12：利用动作来复制并变换图层，打开【动作】面板，单击新建动作按钮，在打开的对话框中设置【名称】为"制作横纹"，【功能键】为"F5"，如图 2-54 所示，然后单击【记录】按钮。

回到【图层】面板，复制"前"层为"前拷贝"层，按下 Ctrl+T 键，在工具选项栏中按下【使用参考点相关定位】选项，如图 2-55 所示进行设置，按 Enter 键完成变换，单击【动作】面板上的停止播放/记录按钮，停止动作记录。

图 2-54　新建动作

图 2-55　自由变换

提示：复制图层时，可以用鼠标按住要复制的图层不放，拖到创建新图层图标上。

步骤 13：回到【图层】面板，选择"前拷贝"层，按下 F5 键，执行复制当前层、移动变换动作，将这些拷贝层全部合并到"前"层，生成前面的横纹，如图 2-56 所示。

图 2-56　生成前面的横纹

步骤 14：选择"后"层，按下 F5 键多次，将拷贝层都合并到"后"层。将图层 1 命名为"底"，图层 2 合并到"前"层，图层 3 合并到"后"层。生成后面的横纹，如图 2-57 所示。

图 2-57　生成后面的横纹

步骤 15：制作竖纹。

① 定义图案。新建 20×3 像素文档，背景为透明。设置前景色为 RGB（65，65，165），放大后，用 3 像素的铅笔点两下，得到左边 6 个像素的图案，执行【编辑】|【定义图案】命令，将图案命名为"竖条"，如图 2-58 所示。

② 回到"垃圾篓.psd"文档，在"前"图层上新建图层 1，填充"竖条"图案。执行【编辑】|【变换】|【透视】命令，将下边收缩，观察收缩的斜度和篓子的斜度一致。效果如图 2-59 所示。

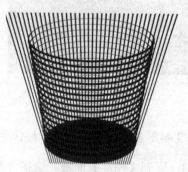

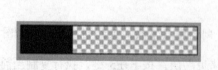

图 2-58　定义图案　　　　　　　图 2-59　透视变换效果

③ 将图层 1 复制为"图层 1 拷贝"，并隐藏，选择图层 1，载入"前"层的选区，收缩 1 像素，反选，用橡皮擦将多余部分擦掉，向下合并到"前"层，如图 2-60 所示。

④ 选择"图层 1 拷贝"层，将这一层放在"后"层的上面，按下 Ctrl+T 键自由变换，整体稍微收缩一些和向上移动些。同样方法载入"后"层的选区，收缩反选，去掉多余的部分，合并到"后"层，如图 2-61 所示。

图 2-60　前部的竖纹　　　　　　　图 2-61　后部的竖纹

步骤 16：在"后"层上新建一层，选择椭圆选框工具，绘制和篓口一样大的椭圆，按下 Alt+Delete 键，用前景色 RGB（65，65，165）填充选区，如图 2-62 所示。

步骤 17：将选区略收缩和下移，按下 Delete 键，删除，按下 Ctrl+D 键，取消选择，将这一层合并到"后"层。形成后部的篓口，如图 2-63 所示。

图 2-62　填充篓口椭圆　　　　　　图 2-63　形成后部的篓口

步骤 18：在"前"层上新建一层，选择椭圆选框工具，绘制比篓口略低一点的椭圆，填充蓝色，如图 2-64 所示。

步骤 19：将选区向上移动后，按下 Delete 键，删除，向下合并到"前"层，形成前部的篓口，效果如图 2-65 所示。

步骤 20：在最上面新建图层 1，绘制比篓口大点的椭圆，填充蓝色，如图 2-66 所示。执行【选择】|【存储选区】命令，将选区存储到通道中。

步骤 21：不要取消选择，新建图层 2，选择渐变工具，渐变色设为灰-白-灰，在选区内从右上至左下拉线性渐变，效果如图 2-67 所示。

步骤 22：取消选择，将图层【混合模式】设为"叠加"，向下合并到图层 1，如图 2-68

所示。

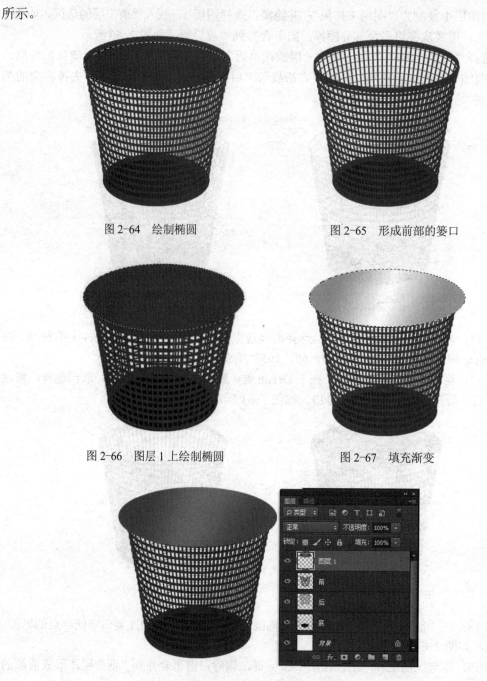

图 2-64　绘制椭圆　　　　　　　　图 2-65　形成前部的篓口

图 2-66　图层 1 上绘制椭圆　　　　　　图 2-67　填充渐变

图 2-68　图层 2 与图层 1 叠加

步骤 23：载入图层 1 选区，执行【选择】|【变换选区】命令，将选区收缩和轻微上移，删除。如图 2-69 所示。

步骤 24：在通道中调出刚才储存的选区，羽化 2 个像素，将选区略收缩和向上移动几个像素，执行【图像】|【调整】|【亮度/对比度】命令，设置【亮度】为 "+30"，效果如图 2-70 所示。

图 2-69　变换图层 1 选区

图 2-70　调整亮度

步骤 25：选择模糊工具 ，模糊上半部的内沿，使边缘和"后"层的接合过渡自然。效果如图 2-71 所示。

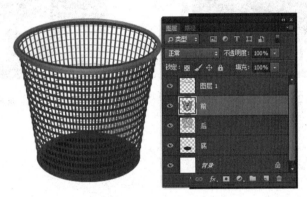
图 2-71　修饰垃圾篓

小结

在 Photoshop 中，对图像的处理或操作主要是针对选取范围而言的，可以通过选区的创建，对所选区域内的图像进行操作，而不影响其他区域的内容。本章主要介绍了对图像进行选择的几种技术，主要包括规则选区和不规则选区的创建，以及选区的编辑技术。

习题 2

1. 将选区反选的快捷键是_____。
　　A．Ctrl+I　　　　　　B．Shift+I　　　　　C．Shift+Ctrl+I　　　　　D．Ctrl+A
2. 要对不规则图像进行选取，可以使用的工具是_____。
　　A．矩形选框工具　　　　　　　　　　B．椭圆选框工具
　　C．魔棒工具　　　　　　　　　　　　D．套索工具
3. 要使选区具有羽化效果，除了执行【选择】|【修改】|【羽化】命令外，还可以设置工具选项栏中的_____选项。

　　A．羽化　　　　　　B．样式　　　　　C．调整边缘　　　　　D．尺寸

4．创建浮动选区的方法有哪些？

5．利用选框工具、选区移动、输入文字等操作，制作邮票，效果如图 2-72 所示。

6．利用选框工具、选区运算、描边、输入文字等操作，制作如图 2-73 所示的练习本。

图 2-72　制作邮票

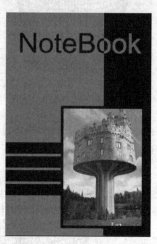

图 2-73　制作练习本

第3章 图层应用技术

本章要点：

- ☑ 图层的基本操作
- ☑ 文字图层的操作
- ☑ 图层样式和图层效果

3.1 任务1 图层的基本操作

使用图层可以在不影响图像中其他图素的情况下处理某一图素。如果图层上没有图像，就可以一直看到底下的图层。通过更改图层的顺序和属性，可以改变图像的合成。通过本节学习，使读者能够利用图层和选区运算绘制奥运五环，如图 3-1 所示。

图 3-1　绘制奥运五环

3.1.1 相关知识

1．图层概念

把图层想象成是一张一张叠起来的透明胶片，每张透明胶片上都有不同的画面，改变图层的顺序和属性可以改变图像的最后效果，如图 3-2 所示。上层图像中没有像素的地方为透明区域，透过透明区域可以看到下一层的图像。图层是相对独立的，在一个图层里编辑，不会影响其他图层。

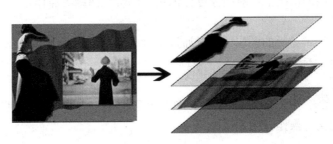

图 3-2　图层的概念

【图层】面板列出了图像中的所有图层、图层组和图层样式。可以使用【图层】面板上的按钮完成许多任务。例如，创建、隐藏、显示、拷贝和删除图层。【图层】面板如图 3-3 所示。

2．图层类型

图层一般可以分为：背景图层、普通图层、调整图层、填充图层、文字图层、形状图层、和图层组，如图 3-4 所示。

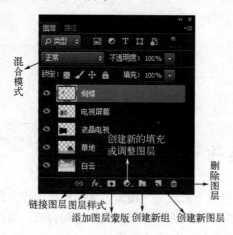

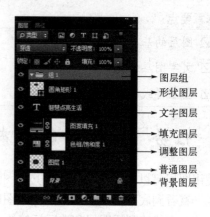

图 3-3　【图层】面板　　　　　　　　　　　图 3-4　图层类型

（1）背景图层

每次新建一个文件时，会自动建立一个背景图层（使用白色背景或彩色背景创建新图像时），这个图层是被锁定的，它位于图层的最底层，无法改变背景图层的排列顺序，同时也不能修改它的不透明度或混合模式。如果按照透明背景方式建立新文件时，图像就没有背景图层，最下面的图层不会受到功能上的限制。

提示：在【图层】面板中双击背景图层，打开【新图层】对话框，然后根据需要设置图层选项，单击【确定】，可以将背景图层转换成普通图层。

（2）普通图层

在【图层】面板上单击创建新图层按钮，可以创建普通图层。一般创建的新图层会显示在所选图层的上面或所选图层组内。在普通图层上可以进行一切操作。

（3）调整图层

单击创建新的填充或调整图层按钮，选择一种调整命令，可以创建调整图层。调整图层可以在不破坏原图的情况下，对图像进行色相，色阶，曲线等操作。

（4）填充图层

填充图层是一种带蒙版的图层。可以通过执行【图层】|【新建填充图层】命令生成填充图层，内容为纯色、渐变和图案。

（5）文字图层

选择文字工具，在画布上单击，可以创建文字图层。如果要对文字图层执行滤镜操作，需要先执行栅格化文字操作。

（6）形状图层

可以通过形状工具和路径工具来创建，内容被保存在它的蒙版中。

（7）图层组

图层组可以帮助组织和管理图层，使用图层组可以很容易的将图层作为一组移动，对图层组应用属性和蒙版，以减少图层面板中的混乱。图层组中可以嵌套新的图层组。

3. 图层复合

图层复合是用于记录当前图层状态的一项功能，例如：显示与隐藏图层、图层样式等。利用该功能可以记录图像在不同的图层显示状态下的不同效果。可以在一个文件中设置多个设计方案，而不必每个设计方案存储为一个单独的文件。图层复合的使用方法如下。

（1）打开一个已经制作好的 Photoshop 文件，如图 3-5 所示。

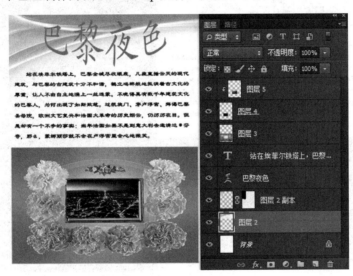

图 3-5　制作好的文件

（2）执行【窗口】|【图层复合】命令，打开【图层复合】面板，如图 3-6 所示。

（3）在【图层复合】面板底部单击创建新的图层复合按钮。打开【新建图层复合】对话框，如图 3-7 所示。

- 【名称】：用于设置图层复合的名称。
- 【可见性】：用于确定记录图层是显示或者是隐藏。
- 【位置】：用于记录图层的位置。
- 【外观（图层样式）】：用于记录是否将图层样式应用于图层和图层的混合模式。
- 【注释】：用于添加说明性解释。

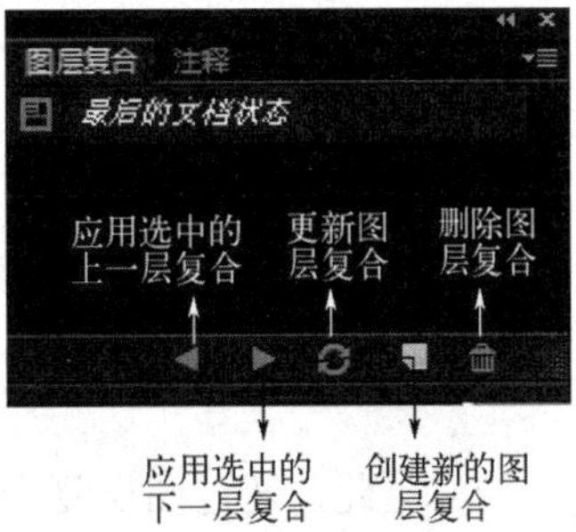

（4）设置图层复合的名称为"方案-1"，勾选【可见性】选项，单击【确定】按钮，创建一个"图层复合"，如图 3-8 所示。该图层复合记录了【图层】面板中所有图层的当前显示状态。

（5）在【图层】面板中，单击图层 2 左侧的眼睛图标，将该图层隐藏，如图 3-9 所示。

（6）单击【图层复合】面板中的创建新的图层复合按钮，再创建一个图层复合，设置

图 3-6　【图层复合】面板

名称为"方案-2"，如图 3-10 所示。

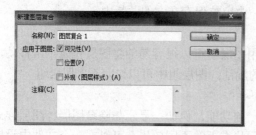

图 3-7　【新建图层复合】对话框　　　　　图 3-8　新建"方案-1"图层复合

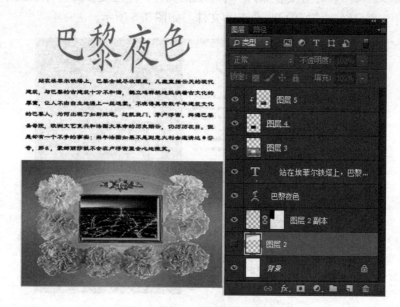

图 3-9　隐藏图层 2

图 3-10　新建"方案-2"图层复合

（7）至此，通过图层复合记录了两套设计方案。向客户展示方案时，可以在"方案-1"和"方案-2"的名称前面单击，就会显示出应用图层复合图标，此时图像窗口中便会显示出此图层复合记录的快照，也可以按下和按钮进行循环切换。如图 3-11 所示。

4．图层操作

（1）图层的新建

执行【图层】|【新建图层】命令或者在图层面板下方选择新建图层，如图 3-12 所示。

图 3-11　展示图层复合

（2）图层的选择

图层单选：单击图层名称，可以选中一个图层。一次只能有一个图层成为可编辑的图层，这个图层的名称会显示在文档窗口的标题中，如图 3-13 所示。

图 3-12　创建新图层　　　　　　　　　图 3-13　选择图层

图层复选：按下 Ctrl 键，单击待选择的图层，可以实现多个不连续图层的选择。按下 Shift 键，单击待选择的多个连续图层中的第一个图层和最后一个图层，可以实现多个连续图层的选择。

自动选择图层：单击选择工具 ✛，在工具选项栏上，勾选【自动选择】，可以实现图层的自动选择，如图 3-14 所示。

（3）图层的显示与隐藏

不需要对某些图层上的内容进行修改时，可以将这些图层上的内容隐藏起来。在图层面板中单击指示图层可见性图标 ，可以显示/隐藏图层，如图 3-15 所示。

图 3-14　自动选择图层　　　　　　　图 3-15　显示/隐藏图层

　　按下 Alt 键，单击一个图层，可以实现隐藏除该图层外的所有图层。

　　（4）图层的删除

　　选中待删除的一个或多个图层，按下 Delete 键或将选中的待删除图层拖动到图层控制面板上的删除图层按钮 🗑，可以实现图层的删除。

　　（5）图层的复制

　　选中待复制图层，执行【图层】|【复制图层】命令，或者单击鼠标右键选择【复制图层】选项，可以实现图层的复制。

　　按下 Alt 键，拖动画布中的图层，可以生成当前图层的拷贝层。

　　选中待复制图层，按下鼠标左键，将该图层拖动到【图层】面板的【创建新图层】🗔 按钮上，可以实现图层的复制。

　　（6）图层的对齐与分布

　　单击选择工具 ⊕，按下 Ctrl 键，选中需要对齐与分布的多个图层，激活工具选项栏上的对齐与分布按钮组，如图 3-16 所示。

图 3-16　对齐与分布按钮组

　　（7）图层的合并

　　在设计的时候，很多图形都分布在多个图层上，而对这些已经确定的图形不会再修改了，就可以将它们合并在一起以便于图像管理。合并后的图层中，所有透明区域的交叠部分都会保持透明。

　　如果是将全部图层都合并在一起，可以执行【图层】|【合并可见图层】或【图层】|【拼合图像】等命令。如果选择其中几个图层合并，根据图层上内容的不同有的需要先进行栅格化之后才能合并，栅格化之后菜单中出现【向下合并】选项，把要合并的图层集中在一起，这样就可以合并所有图层中的几个图层了。

　　（8）盖印图层

　　盖印图层是把图层合并在一起生成一个新的图层，而被合并的图层依然存在，不发生变化。这样的好处是不会破坏原有图层，如果对盖印图层不满意，可以随时删除掉。将不需要盖印的图层隐藏，然后按下盖印图层的快捷键 Shift+Ctrl+Alt+E，可以实现将所有显示的图层盖印，如图 3-17 所示。

图 3-17　盖印图层

（9）锁定图层

如果隐藏图层是为了在修改的时候保护这些图层不被更改的话，锁定图层则是最彻底的保护办法。选中要锁定的图层，单击锁定图标 🔒，就可以锁定图层了，图层锁定后图层名称的右边会出现一个锁图标。当图层完全锁定时，锁图标是实心的，当图层部分锁定时，锁图标是空心的，如图 3-18 所示。

图 3-18　锁定图层

3.1.2　实施步骤

步骤 1：执行【文件】|【新建】命令或按下 Ctrl+N 键，打开【新建】对话框，设置【名称】为"绘制奥运五环"，大小为 600 像素×400 像素，【分辨率】为"72"，【颜色模式】为"RGB 颜色"，如图 3-19 所示。

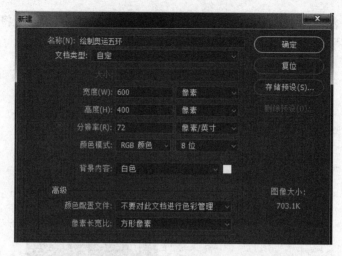

图 3-19　新建文件

步骤 2：新建图层，并将图层重命名为"蓝色"。选择椭圆选框工具，按下 Shift 键，绘制正圆选区，并填充蓝色（#006BB0），如图 3-20 所示。

图 3-20　绘制蓝色圆

步骤 3：不要取消选区，执行【选择】|【变换选区】，将选区缩小 80%，按下 Delete 键，删除选区内的内容，如图 3-21 所示。

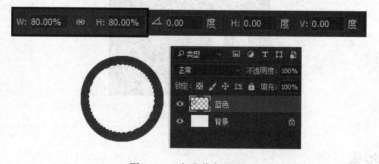

图 3-21　生成蓝色圆环

步骤 4：按下 Ctrl+D 键，取消选区。选择移动工具，按下 Alt 键，拖动蓝色圆环，生成蓝色拷贝层。重复该操作 4 次，将生成的拷贝层从上至下依次重命名为：黄色、绿色、红色、黑色。如图 3-22 所示。

图 3-22 复制图层

步骤 5：双击"黑色"图层，打开【图层样式】对话框，勾选【颜色叠加】样式，将叠加颜色设置为黑色（#1D1815）。

步骤 6：对"黄色"图层、"绿色"图层、"红色"图层执行同样操作，将图层中圆环颜色分别修改为黄色 RGB（#EFA90D）、绿色 RGB（#059341）和红色 RGB（#DC2F1F）。如图 3-23 所示。

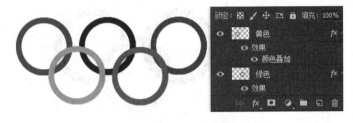

图 3-23 修改其他图层圆环颜色

步骤 7：选中"蓝色"图层、"黑色"图层、"红色"图层，选择移动工具，在工具选项栏中，按下垂直居中分布和水平居中分布，效果如图 3-24 所示。

步骤 8：利用键盘方向键和排列分布按钮，将黄色圆环和绿色圆环移动到合适位置，如图 3-25 所示。

图 3-24 排列蓝色、黑色、红色圆环

图 3-25 排列五环

步骤 9：选中"蓝色"图层，按下 Ctrl 键，单击图层缩略图，载入选区。再按下 Shift+Ctrl+Alt 键，单击"黄色"图层缩略图，得到两个图层相交的选区部分。如图 3-26 所示。

步骤 10：选中"黄色"图层，选择椭圆选框工具，按下 Alt 键，将下面部分选区减去，只保留上面的选区，按下 Del 键，将选区内的像素删除，可以利用橡皮擦工具将删除后残留

图 3-26 生成蓝色圆环与黄色圆环的相交的选区

的边缘线擦除，如图 3-27 所示。

(a) 形成选区　　　　(b) 删除后残留的边缘线　　　　(c) 擦除后的效果

图 3-27　生成两环相扣

步骤 11：同样对其他图层进行操作，形成环环相扣的效果，如图 3-28 所示。

图 3-28　奥运五环

3.2　任务 2　图层混合模式和图层样式

大多数绘画工具或编辑调整工具都可以使用混合模式，图层样式是应用于一个图层或图层组的一种或多种效果。本节通过绘制如图 3-29 所示的平安扣，使读者掌握图层样式的设置，能够利用图层混合模式和图层样式进行图像特效的制作。

图 3-29　绘制平安扣

3.2.1　相关知识

1．不透明度

不透明度决定自身图层的显示程度，不透明度为 1% 的图层显得几乎是透明的，而不透明度为 100% 的图层显得完全不透明。

【图层】面板上可以设置图层不透明度和填充不透明度，如图 3-30 所示。

图 3-30　设置不透明度

提示：背景图层或锁定图层的不透明度是无法更改的。

图层不透明度和填充不透明度都是用来控制图层的不透明度的，对于没有添加图层样式的图层，设置图层不透明度和填充不透明度，实现的效果是完全相同的，如图 3-31 所示。

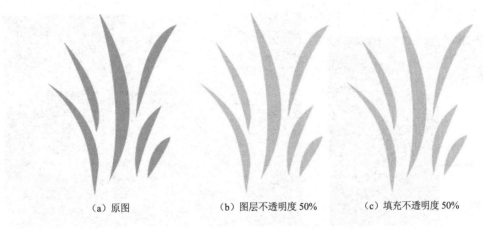

（a）原图　　　　　　　（b）图层不透明度 50%　　　　　（c）填充不透明度 50%

图 3-31　无图层样式时图层不透明度和填充不透明度

对于添加了图层样式的图层，设置图层不透明度和填充不透明度，实现的效果是不同的。两者的区别在于：不透明度的调整相对于整个图层，包括图层的样式，都在调整的范围之内，而填充不透明度，仅仅是对于图层自身的透明度起变化，图层样式丝毫不受其影响。二者效果如图 3-32 所示。

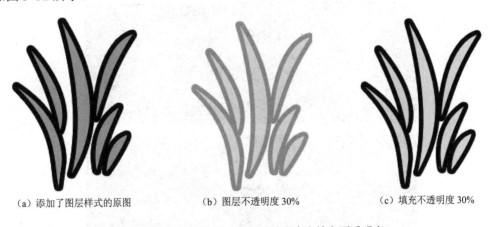

（a）添加了图层样式的原图　　　　　（b）图层不透明度 30%　　　　　（c）填充不透明度 30%

图 3-32　有图层样式时图层不透明度和填充不透明度

2．图层混合模式

使用 Photoshop 的图层混合模式可以创建各种特殊效果，选中要添加混合模式的图层，然后在【图层】面板的混合模式菜单中找到所要的效果，如图 3-33 所示。

基色指的是当前图层之下的图层的颜色。混合色指的是当前图层的颜色。结果色指的是混合后得到的颜色。实际上，"混合模式"就是指"基色"和"混合色"之间的运算方式。"混合模式"主要分为 6 组：正常模式组、加深模式组、减淡模式组、对比模式组、比较模式组、色彩模式组。

（1）正常模式组

① 正常。正常模式下编辑每个像素，都将直接形成结果色。在此模式下，可以通过调节图层不透明度和图层填充值的参数，可以使当前图像与底层图像产生混合效果，如图 3-34 所示。

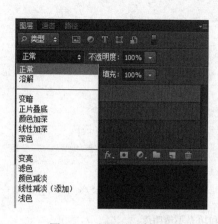

图 3-33   图层混合模式   图 3-34   正常混合模式

② 溶解。溶解模式是用结果色随机取代具有基色和混合颜色的像素，取代的程度取决于该像素的不透明度。配合调整不透明度可创建点状喷雾式的图像效果，不透明度越低，像素点越分散，如图 3-35 所示。

图 3-35   溶解混合模式

（2）加深模式组

加深模式组混合模式可将当前图像与底层图像进行比较使底层图像变暗，包括变暗、正片叠底、颜色加深、线性加深和深色 5 种混合模式。效果如图 3-36 所示。

① 变暗：处理比当前图像更暗的区域。比混合色亮的像素被替换，比混合色暗的像素保持不变。与白色混合不产生变化。

② 正片叠底：除白色以外的其他区域都会使基色变暗。任何颜色与黑色复合产生黑色，任何颜色与白色复合保持不变。

③ 颜色加深：用于查看每个通道的颜色信息，使基色变暗，从而显示当前图层的混合色。在与白色混合时，图像不会发生变化。

（a）变暗

（c）颜色加深

（b）正片叠底

（d）线性加深

（e）深色

图 3-36　加深模式组混合模式

④ 线性加深：与正片叠底模式的效果相似，但产生的对比效果更强烈，相当于正片叠底与颜色加深模式的组合。通过减小亮度使基色变暗以反映混合色，与白色混合同样不产生变化。

⑤ 深色：比较混合色和基色的所有通道值的总和并显示显示较小的颜色。与"变暗"模式相比，使用"深色"混合模式不会产生第三种颜色，可以明确地从结果色中找出哪里是基色的颜色，哪里是混合色的颜色。

（3）减淡模式组

每一种加深模式都有一种完全相反的减淡模式相对应，减淡模式的特点是当前图像中的黑色将会消失，任何比黑色亮的区域都可能加亮底层图像。减淡模式组包括变亮、滤色、颜色减淡、线性减淡（添加）和浅色 5 种混合模式。效果如图 3-37 所示。

① 变亮：选择基色或混合色中较亮的颜色作为结果色。基色比混合色暗的像素保持基色不变，比混合色亮的像素显示为混合色。用黑色过滤时颜色保持不变。

② 滤色：将混合色的互补色与基色复合，结果色总是较亮的颜色。可以使图像产生漂白的效果，滤色模式与正片叠底模式产生的效果相反。用黑色过滤时颜色保持不变，用白色过滤将产生白色。

③ 颜色减淡：通过减小对比度使基色变亮以反映混合色。特点是可加亮底层的图像，同时使颜色变得更加饱和，由于对暗部区域的改变有限，因而可以保持较好的对比度。与黑色

混合则不发生变化。

（a）变亮　　　　　　　　　　（b）滤色　　　　　　　　　（c）颜色减淡

（d）线性减淡（添加）　　　　　　　　（e）浅色

图 3-37　减淡模式组混合模式

④ 线性减淡：通过增加亮度使基色变亮以反映混合色。它与滤色模式相似，但是可产生更加强烈的对比效果。与黑色混合则不发生变化。

⑤ 浅色：不会生成第三种颜色，因为它将从基色和混合色中选择最大的通道值来创建结果颜色。

（4）对比模式组

它综合了加深模式和减淡模式的特点，在进行混合时 50%的灰色会完全消失，任何亮于50%灰色的区域都可能加亮下面的图像，而暗于 50%灰色的区域都可能使底层图像变暗，从而增加图像对比度。对比模式组包括叠加、柔光、强光、亮光、线性光、点光和实色混合 7 种混合模式。效果如图 3-38 所示。

① 叠加：特点是在为底层图像添加颜色时，可保持底层图像的高光和暗调。

② 柔光：使颜色变亮或变暗，可产生比叠加模式或强光模式更为精细的效果。如果混合色比 50%灰色亮，则图像变亮，就像被减淡了一样，如果混合色比 50%灰色暗，则图像变暗，就像被加深了一样。

③ 强光：特点是可增加图像的对比度，此效果与耀眼的聚光灯照在图像上相似。这对于向图像中添加高光和向图像添加暗调非常有用。

④ 亮光：特点是混合后的颜色更为饱和，可使图像产生一种明快感，它相当于颜色减淡

和颜色加深的组合。通过增加或减小对比度来加深或减淡颜色。

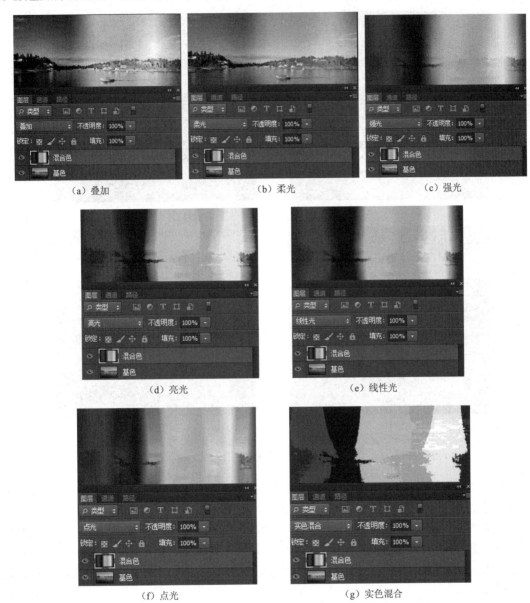

（a）叠加　　　　　　　　（b）柔光　　　　　　　　（c）强光

（d）亮光　　　　　　　　（e）线性光

（f）点光　　　　　　　　（g）实色混合

图 3-38　对比模式组混合模式

　　⑤ 线性光：特点是可使图像产生更高的对比度效果，从而使更多区域变为黑色和白色，它相当于线性减淡和线性加深的组合。通过减小或增加亮度来加深或减淡颜色。

　　⑥ 点光：特点是可根据混合色替换颜色，主要用于制作特效，它相当于变亮与变暗模式的组合。

　　⑦ 实色混合：特点是可增加颜色的饱和度，使图像产生色调分离的效果。

　　（5）比较模式组

　　比较混合模式可比较当前图像与底层图像，然后将相同的区域显示为黑色，不同的区域显示为灰度层次或彩色，包括差值、排除、减去和划分 4 种混合模式。效果如图 3-39 所示。

（a）差值 （b）排除

（c）减去 （d）划分

图 3-39　比较模式组混合模式

① 差值：混合色中的白色区域会使图像产生反相的效果，而黑色区域则会越接近底层图像。与白色混合将反转基色值；与黑色混合则不产生变化。

② 排除：排除模式可比差值模式产生更为柔和的效果。创建一种与"差值"模式相似但对比度更低的效果。与白色混合将反转基色值，与黑色混合则不发生变化。

③ 减去：基色的数值减去混合色，与差值模式类似，如果混合色与基色相同，那么结果色为黑色。

④ 划分：基色分割混合色，颜色对比度较强。在划分模式下如果混合色与基色相同则结果色为白色，如混合色为白色则结果色为基色不变，如混合色为黑色则结果色为白色。

（6）色彩模式组

色彩的三要素是色相、饱和度和亮度。使用色彩混合模式合成图像时，Photoshop 会将三要素的一种或两种应用在图像中。色彩模式包括色相、饱和度、颜色和明度 4 种混合模式。效果如图 3-40 所示。

① 色相：用基色的亮度和饱和度及混合色的色相创建结果色。该模式可将混合色层的颜色应用到基色层图像中，并保持基色层图像的亮度和饱和度。

② 饱和度：使图像的某些区域变为黑白色，该模式可将当前图像的饱和度应用到底层图

像中，并保持底层图像的亮度和色相。

（a）色相

（b）饱和度

（c）颜色

（d）明度

图 3-40 色彩模式组混合模式

③ 颜色：将当前图像的色相和饱和度应用到底层图像中，并保持底层图像的亮度。可以保留图像中的灰阶，并且对给单色图像上色和给彩色图像着色都会非常有用。

④ 明度：将当前图像的亮度应用于底层图像中，并保持底层图像的色相与饱和度。此模式创建与"颜色"模式相反的效果。

3．图层样式

图层样式可以快速应用各种效果，可应用的效果样式有投影、外发光、浮雕、描边等。当应用了图层样式后，在【图层】面板中图层名称的右边会出现 *fx* 图标，如图 3-41 所示。

提示：对背景、锁定的图层或图层组不能应用图层效果和样式。

显示图层样式和隐藏图层样式：执行【图层】|【图层样式】|【隐藏所有图层效果】或【显示所有图层效果】命令，可以隐藏/显示图层的样式。在【图层】面板中可以展开图层样式，也可以将它们合并在一起。

拷贝图层样式和粘贴图层样式，有以下两种方法。

方法 1：选择要拷贝样式的图层，执行【图层】|【图层样式】|【拷贝图层样式】命令。在【图层】面板中选择目标图层，执行【图层】|【图层样式】|【粘贴图层样式】命令。

图 3-41　图层样式

方法 2：按下 Alt 键，用鼠标拖移图层样式，可以实现图层样式的拷贝和粘贴。

清除图层样式有以下两种方法。

方法 1：用鼠标将需要清除的图层样式拖移到删除图层按钮 🗑 上。

方法 2：选中需要清除图层样式的图层，执行【图层】|【图层样式】|【清除图层样式】命令，或者选择图层，然后在右键菜单中单击【清除图层样式】命令。

（1）混合选项

在混合选项中，【不透明度】这个选项的作用和【图层】面板中的一样。在这里修改不透明度的值，【图层】面板中的设置也会有相应的变化。这个选项会影响整个图层的内容。【填充不透明度】这个选项只会影响图层本身的内容，不会影响图层的样式。因此调节这个选项可以实现将层调整为透明的，同时保留图层样式的效果。

（2）斜面和浮雕

斜面和浮雕可以说是 Photoshop 图层样式中最复杂的，其参数设置如图 3-42 所示。

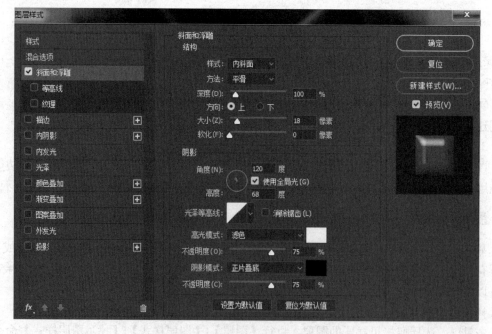

图 3-42　【斜面和浮雕】参数设置

- 【方法】：这个选项可以设置三个值，包括【平滑】【雕刻柔和】【雕刻清晰】。
- 【深度】：必须和【大小】配合使用，大小一定的情况下，用深度可以调整高台的截面梯形斜边的光滑程度。
- 【软化】：一般用来对整个效果进行进一步的模糊，使对象的表面更加柔和，减少棱角感。
- 【角度】：这里的角度设置要复杂一些。角度通常可以和光源联系起来，对于斜面和浮雕效果也是如此，而且作用更大。斜面和浮雕的角度调节不仅能够反映光源方位的变化，而且可以反映光源和对象所在平面所成的角度，这些设置既可以在圆中拖动设置，也可以在旁边的编辑框中直接输入。
- 【使用全局光】：这个选项一般都应当选上，表示所有的样式都受同一个光源的照射，也就是说，调整一种图层样式（比如投影样式）的光照效果，其他图层样式的光照效果也会自动进行完全一样的调整。当然，如果需要制作多个光源照射的效果，可以清除这个选项。
- 【等高线】：对话框右侧的是【光泽等高线】，这个等高线只会影响虚拟的高光层和阴影层。而对话框左侧的【等高线】则是用来为对象（图层）本身赋予条纹状效果。
- 【纹理】：用来为层添加材质，其设置比较简单。首先在下拉框中选择纹理，然后对纹理的应用方式进行设置。

（3）描边

描边样式很直观简单，就是沿着图层中非透明部分的边缘描边，这在实际应用中很常见。【描边】参数设置如图 3-43 所示。

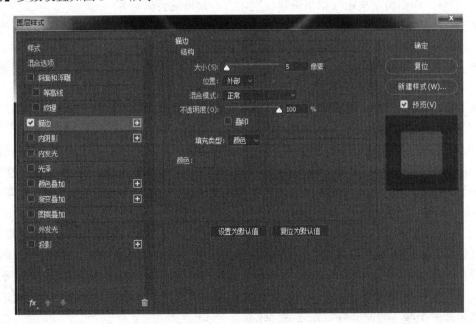

图 3-43　【描边】参数设置

- 【大小】：设置描边的宽度。
- 【位置】：设置描边的位置，可以使用的选项包括：【外部】【内部】【居中】。

●【填充类型】：有三种可供选择，分别是【颜色】【渐变】【图案】。

通过单击【描边】样式右边的 ➕，可以对一个图层添加多个描边，从而实现特殊的描边效果，如图 3-44 所示。

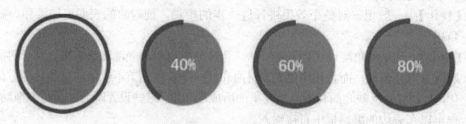

图 3-44　特殊描边效果

（4）内阴影

添加了内阴影的图层上方好像多出了一个透明的层（黑色）。单击【内阴影】样式右边的按钮 ➕，可以对一个图层添加多个内阴影，从而实现特殊效果的制作。

各选项含义如下：

●【混合模式】：默认设置是"正片叠底"，通常不需要修改。

●【不透明度】：设置阴影的不透明度，可根据自己的需要修改。

●【角度】：调整内侧阴影的方向，也就是和光源相反的方向，圆圈中的指针指向阴影的方向。

●【距离】：用来设置阴影在对象内部的偏移距离，这个值越大，光源的偏离程度越大，偏移方向由角度决定（如果偏移程度太大，效果就会失真）。

●【阻塞】：设置阴影边缘的渐变程度，单位是百分比，和投影效果类似，这个值的设置也是和【大小】相关的，如果【大小】设置得较大，阻塞的效果就会比较明显。

●【大小】：设置阴影的延伸范围，这个值越大，光源的散射程度越大，相应的阴影范围也会越大。

●【等高线】：用来设置阴影内部的光环效果，可以自己编辑等高线。

（5）内发光

添加了内发光样式的图层上方会多出一个虚拟的图层，这个图层由半透明的颜色填充，沿着下面层的边缘分布。内发光效果在现实中并不多见，可以将其想象为一个内侧边缘安装有照明设备的隧道的截面，也可以理解为一个玻璃棒的横断面，这个玻璃棒外围有一圈光源。

（6）光泽

用来在图层的上方添加一个波浪形效果。它的选项虽然不多，但是很难准确把握，有时候设置值微小的差别都会使效果产生很大的区别。可以将光泽效果理解为光线照射下的反光度比较高的波浪形表面（比如水面）显示出来的效果。光泽效果之所以容易让人琢磨不透，主要是其效果会和图层的内容直接相关，也就是说，图层的轮廓不同，添加光泽样式之后产生的效果完全不同（即便参数设置完全一样）。

（7）颜色叠加

这是一个很简单的样式，作用实际就相当于为图层着色，也可以认为这个样式在图层的上方加了一个【混合模式】为"正常"、【不透明度】为"100%"的虚拟层。单击颜色叠加样式右边的按钮![加号按钮]，可以对一个图层添加多个颜色叠加。

提示： 添加了样式后的颜色是图层原有颜色和虚拟层颜色的混合。

（8）渐变叠加

其选项中【混合模式】及【不透明度】的设置方法与颜色叠加模式的设置方法完全一样，不再介绍。【渐变叠加】样式多出来的选项包括：【渐变】【样式】【缩放】。单击渐变叠加样式右边的按钮![加号按钮]，可以对一个图层添加多个渐变叠加。

（9）图案叠加

设置方法和前面在【斜面与浮雕】中介绍的纹理完全一样。

注意： 这三种叠加样式是有主次关系的，主次关系从高到低分别是颜色叠加、渐变叠加和图案叠加。也就是说，如果同时添加了这三种样式，并且将它们的不透明度都设置为100%，那么只能看到颜色叠加产生的效果。要想使层次较低的叠加效果能够显示出来，必须清除上层的叠加效果或者将上层叠加效果的不透明度设置为小于100%的值。

（10）外发光

添加了外发光效果的图层好像下面多出了一个图层，这个假想层的填充范围比上面的略大。默认【混合模式】为"滤色"，从而产生图层的外侧边缘发光的效果。由于默认【混合模式】是"滤色"，因此如果背景层被设置为白色，那么不论如何调整外侧发光的设置，效果都无法显示出来。要想在白色背景上看到外侧发光效果，必须将【混合模式】设置为"滤色"以外的其他值。各选项含义如下：

- 【不透明度】：光芒一般不会是不透明的，因此这个选项要设置小于100%的值。光线越强（越刺眼），应当将其不透明度设置得越大。
- 【杂色】：杂色用来为光芒部分添加随机的透明点。和将【混合模式】设置为"溶解"产生的效果有些类似，但是"溶解"不能微调，因此要制作细致的效果还是要使用【杂色】。
- 【渐变和颜色】：外侧发光的颜色设置稍微有一点特别，可以通过单选框选择"单色"或者"渐变色"。即便选择"单色"，光芒的效果也是渐变的，不过是渐变至透明而已。如果选择"渐变色"，可以对渐变进行随意设置。
- 【方法】：方法的设置值有两个，分别是"柔和"与"精确"，一般用"柔和"就足够了，"精确"可以用于一些发光较强的对象，或者棱角分明反光效果比较明显的对象。
- 【扩展】：用于设置光芒中有颜色的区域和完全透明的区域之间的渐变速度。它的设置效果和颜色中的渐变设置及下面的大小设置都有直接的关系，三个选项是相辅相成的。
- 【大小】：设置光芒的延伸范围，不过其最终的效果和颜色渐变的设置是相关的。
- 【范围】：用来设置等高线对光芒的作用范围，也就是说对等高线进行缩放，截取其中的一部分作用于光芒上。调整范围和重新设置一个新等高线的作用是一样的，不过当需要特别陡峭或者特别平缓的等高线时，使用【范围】对等高线进行调整可以更加精确。
- 【抖动】：用来为光芒添加随意的颜色点，为了使抖动的效果能够显示出来，光芒至少应该有两种颜色。

（11）投影

添加投影效果后，图层的下方会出现一个轮廓和图层内容相同的影子，影子有一定的偏移量，默认向右下角偏移，如图 3-45 所示。单击【投影】样式右边的按钮➕，可以对一个图层添加多个投影。

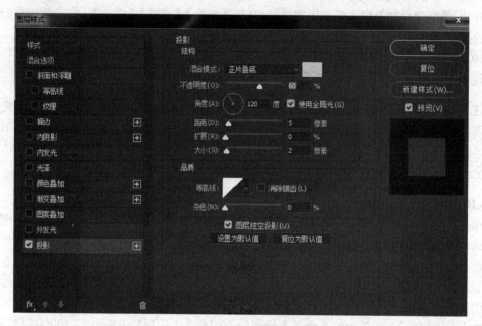

图 3-45　【投影】参数设置

各选项含义如下。

● 【混合模式】：由于阴影的颜色一般都是偏暗的，因此这个值通常被设置为"正片叠底"，不必修改。

● 【颜色设置】：单击混合模式的右侧颜色框可以对阴影的颜色进行设置。

● 【不透明度】：如果阴影的颜色要显得深一些，应当增大这个值，反之减少这个值。

● 【角度】：设置阴影的方向，如果要进行微调，可以使用右边的编辑框直接输入角度。在圆圈中，指针指向光源的方向，显然，相反的方向就是阴影出现的地方。

● 【距离】：阴影和图层内容之间的偏移量，这个值设置的越大，会让人感觉光源的角度越低，反之越高。

● 【扩展】：这个选项用来设置阴影的大小，其值越大，阴影的边缘显得越模糊，可以将其理解为光的散射程度比较高（比如白炽灯）；反之，其值越小，阴影的边缘越清晰，如同探照灯照射一样。

注意：扩展的单位是百分比，具体的效果会和【大小】相关，【扩展】的设置值的影响范围仅仅在【大小】所限定的像素范围内，如果【大小】的值设置比较小，扩展的效果会不是很明显。

● 【大小】：这个值可以反映光源距离层的内容的距离，其值越大，阴影越大，表明光源距离层的表面越近；反之阴影越小，表明光源距离层的表面越远。

3.2.2　实施步骤

步骤 1：新建一个 600 像素×600 像素、分辨率为 72 dpi、颜色模式为 RGB、黑色背景的文件，命名为"绘制平安扣"，如图 3-46 所示。

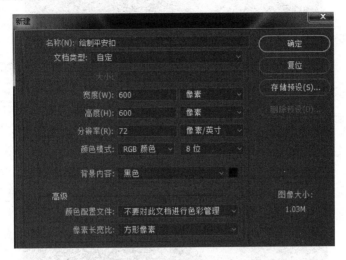

图 3-46　新建文件

步骤 2：新建图层 1，单击工具箱中的默认前景色和背景色按钮 ，复位前景色和背景色，执行【滤镜】|【渲染】|【云彩】命令，效果如图 3-47 所示。

图 3-47　云彩效果

步骤 3：执行【选择】|【色彩范围】命令，吸取下半部分的灰色，单击【确定】按钮，生成选区，如图 3-48 所示。

步骤 4：新建一层，前景色设为深绿色 RGB（2，132，11），按下 Alt+Delete 键，填充前景色，按下 Ctrl+D 键，取消选区，如图 3-49 所示。

步骤 5：选择图层 1，保持前景色为深绿色，背景为白色，选择渐变工具 ，从左至右拉渐变，如图 3-50 所示。

图 3-48　执行【色彩范围】命令

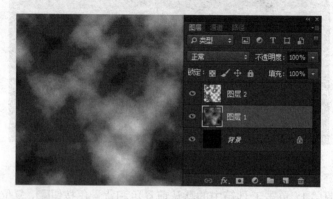

图 3-49　填充深绿色

图 3-50　填充渐变色

　　步骤 6：按下 Ctrl+E 键，将图层 2 向下合并到图层 1。选择椭圆选框工具，按下 Shift 键，绘制圆形选区，按下 Ctrl+J 键，生成图层 2，如图 3-51 所示。

　　步骤 7：执行【选择】|【变换选区】命令，按下 Shift+Alt 键，以圆心为中心，缩小选区，按下 Delete 键，删除选区内容，如图 3-52 所示。

　　步骤 8：删除图层 1，将图层 2 重命名为"平安扣"。双击图层，打开【图层样式】对话框，勾选【斜面和浮雕】样式，设置【深度】为"317"，【大小】为"70"，阴影【角度】为"120"，【高度】为"68"，阴影【不透明度】为"72"，如图 3-53 所示。

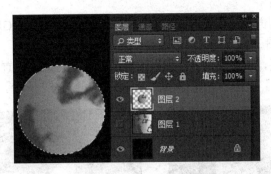

图 3-51　生成圆形

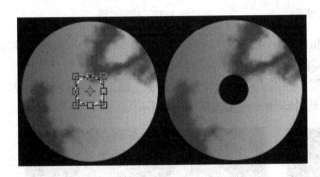

图 3-52　生成平安扣

图 3-53　【斜面和浮雕】参数设置

　　步骤 9：勾选【内发光】样式。设置【不透明度】为 "50"，发光色为绿色 RGB（46，241，26），【大小】为 "60"，如图 3-54 所示。

　　步骤 10：勾选【光泽】样式。设置【角度】为 "-17"，【距离】为 "20"，【大小】为 "20"，效果颜色为绿色 RGB（46，241，26），如图 3-55 所示。

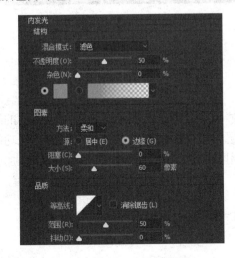

图 3-54　【内发光】参数设置

图 3-55　【光泽】参数设置

步骤 11：回到【斜面和浮雕】样式，将阴影颜色设置为绿色 RGB（46，241，26），【不透明度】为"30"，如图 3-56 所示。

步骤 12：新建一层，重命名为"红绳"，选择画笔工具，设置前景色为红色，绘制红绳，添加【斜面和浮雕】样式，参数自行设置，效果如图 3-57 所示。

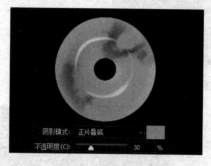

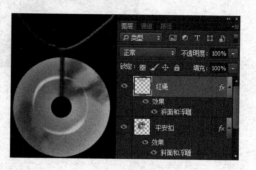

图 3-56　【斜面和浮雕】阴影参数设置　　　　　　　图 3-57　绘制红绳

步骤 13：隐藏背景图层，按下 Shift+Ctrl+Alt+E 键，盖印图层，生成图层 1，执行【编辑】|【变换】|【垂直翻转】，用方向键将图层 1 中的图像向下移动，如图 3-58 所示。

步骤 14：选择图层 1，单击【图层】面板上的添加矢量蒙版按钮，给图层 1 添加蒙版，选中蒙版，在蒙版上从下至上拖黑白线性渐变，效果如图 3-59 所示。

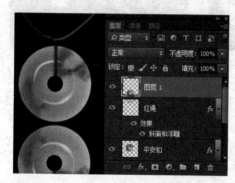

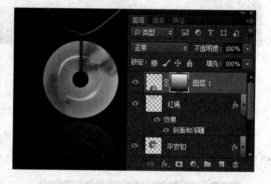

图 3-58　翻转图像　　　　　　　　　　　图 3-59　生成倒影

小结

使用图层可以在不影响图像中其他图素的情况下处理某一图素。通过更改图层的顺序和属性，可以改变图像的合成。另外，调整图层、填充图层和图层样式这样的特殊功能可用于创建复杂效果。本章主要讲述了图层的使用及应用，并且通过了一系列的例子加强读者的理解。

习题 3

1. 要将当前图层与下一图层合并，可以按下_____键。

　　A．Ctrl+E　　　　　B．Shift+Ctrl+E　　　C．Ctrl+G　　　　D．Shift+Ctrl+G

2．_____图层样式，可以在图层内容上填充一种渐变颜色。

　　A．颜色叠加　　　　B．渐变叠加　　　　C．图案叠加　　　D．以上都不对

3．选择一种填充图层的类型后，Photoshop 会根据所选的填充图层类型的不同，分别出现_____、_____和_____三种方式。

4．_____图层是一个不透明的图层，用户不能对它进行图层不透明度、图层混合模式和图层填充颜色的调整。

5．使用图层的优点是什么？Photoshop 中有哪几种类型的图层？

6．利用斜面和浮雕、内发光、颜色叠加等图层样式，实现如图 3-60 所示珍珠项链的制作。

图 3-60　珍珠项链效果

第4章　绘图与修图技术

本章要点：
- ☑ 绘制工具的使用
- ☑ 渐变的编辑及填充
- ☑ 擦除工具的使用
- ☑ 修复工具组的使用

4.1　任务1　绘图工具的使用

通过绘制如图 4-1 所示的初秋风景图像，使读者掌握画笔工具的定义与使用，以及铅笔工具的使用。

图 4-1　初秋风景

4.1.1　相关知识

在 Photoshop 中可以用来绘图的工具有画笔工具和铅笔工具，启用这两个工具时，通过合理的设置工具选项栏上的参数，可以创作出逼真的作品，得到与现实生活中使用画笔绘画相似的效果。

1. 画笔工具

使用画笔工具能够绘制边缘柔和的线条，此工具在绘制中使用得最为频繁，配合其他工具使用能够绘制出精美的图像。在使用画笔工具进行绘制工作时，除了需要选择正确的绘图前景色之外，还必须正确设置画笔工具中的选项。其工具选项栏如图 4-2 所示。

图 4-2　画笔工具选项栏

各选项含义如下。

- 【画笔】：在此下拉菜单中选择合适的画笔大小。
- 【模式】：设置用于绘图的前景色与作为画纸的背景之间的混合效果。【模式】下拉菜单中的大部分选项与图层的混合模式相同。
- 【不透明度】：设置绘图颜色的不透明度，数值越大则绘制的效果越明显，反之越不清晰。
- 【流量】：设置拖动光标一次得到图像的清晰度，数值越小，越不清晰。
- 喷枪：单击此图标，将画笔工具设置为喷枪工具，在此状态下得到的笔划边缘更柔和，如果在图像中单击鼠标不放，前景色将在此淤积，直至释放鼠标。
- 绘图板压力控制：当我们选择普通画笔时，它可以被选择。此时可以用绘图板来控制画笔的压力。

执行【窗口】|【画笔】命令或按下 F5 键，打开【画笔】面板，如图 4-3 所示。在使用画笔功能时，最常用的也是最基本的 3 个属性是：【大小】【间距】【硬度】。

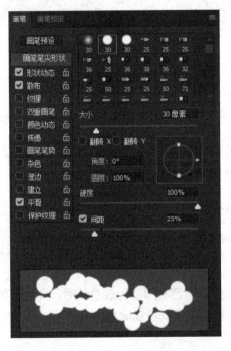

图 4-3　画笔面板

- ●【大小】：可在微观上控制笔尖的大小，可在宏观上控制曲线的粗细。
- ●【硬度】：可控制笔尖边缘的羽化程度，数值越大，笔刷的边缘越清晰，反之越柔和。设置不同的【硬度】数值时的绘画效果如图 4-4 所示。
- ●【间距】：用于指示相邻圆之间的距离，圆排列的疏密程度在一定程度上影响着曲线的轮廓和绘制的内容。数值越大，绘画时组成线段的两点间的距离就越大，不同间距数值时绘画效果如图 4-5 所示。

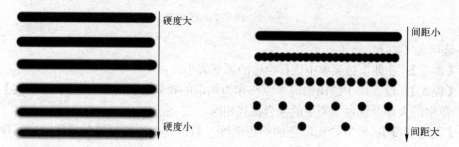

图 4-4　不同硬度值的绘画效果　　　　图 4-5　不同间距值的绘画效果

　　形状动态是最常用的画笔形态选项，选择该选项后，用户可以在【画笔】面板中控制【大小抖动】【角度抖动】【圆度抖动】，效果如图 4-6 所示。

　　在【控制】下拉菜单中包括"关""渐隐""钢笔压力""钢笔斜度""光笔轮"5 个选项，它们可以控制画笔波动的方式，图 4-7 所示为不同渐隐数值下的绘画效果。

（a）大小抖动　　　　　　　　　　　（b）大小抖动+角度抖动

图 4-6　不同的画笔参数设置及效果

图 4-7　不同渐隐数值的绘画效果

　　提示： 由于"钢笔压力""钢笔斜度""光笔轮"3 种方式都需要有压感笔的支持，如果没有安装此硬件，在【控制】选项的左侧将显示一个叹号 ⚠。

2. 铅笔工具

　　铅笔工具 ✏ 常用来画一些棱角突出的线条，类似于铅笔。铅笔工具 ✏ 与画笔工具 ✏ 的选项类似，不同的是它没有【流量】和【喷枪】的设置，却有【自动抹除】的设置。

　　启用【自动抹除】复选框，当画布颜色为前景色时，使用铅笔工具可以涂抹为背景色。当画布颜色为背景色时，使用铅笔工具可以涂抹为前景色。

3. 颜色替换工具

　　使用颜色替换工具 🖌 可以在不更改图案的状态下进行图像中特定颜色的替换。该工具不适用于位图、索引或多通道颜色模式的图像。

Photoshop 中对图像进行颜色替换时，可以利用颜色替换工具，也可以执行【图像】|
【调整】|【替换颜色】命令。利用颜色替换工具替换颜色时，应将前景色设置为目标颜色。
颜色替换效果如图 4-8 所示。

（a）原图   （b）效果图

图 4-8 替换颜色

4．混合器画笔工具

混合器画笔工具是较为专业的绘画工具，通过属性栏的设置可以调节笔触的颜色、潮
湿度、混合颜色等。其工具选项栏如图 4-9 所示。

图 4-9 混合器画笔工具选项栏

- 画笔：单击该按钮在打开的下拉列表中选择调整画笔直径大小及画笔大小。
- 当前画笔载入　　：单击右侧三角可以载入画笔、清理画笔、只载入纯色。
- 每次描边后载入画笔/每次描边后清理画笔：控制每一笔涂抹结束后对画笔是否
  更新和清理。类似于画家在绘画时一笔过后是否将画笔在水中清洗的选项。
- 【潮湿】：设置从画布拾取的油彩量。设置的值越大，画在画布上的色彩越淡。
- 【载入】：设置画笔上的油彩量。
- 【混合】：用于设置多种颜色的混合，当潮湿为 0 时，该选项不能用。
- 【流量】：设置描边的流动数率。

4.1.2 实施步骤

步骤 1：执行【文件】|【新建】命令，打开【新建】对话框，设置【名称】为"初秋风
景"，大小为 500 像素×600 像素，【颜色模式】为"RGB 颜色"，如图 4-10 所示。

步骤 2：选择画笔工具，选择草笔刷，对笔尖形状进行设置，【间距】设为"25%"，如
图 4-11 所示。勾选【形状动态】选项，【大小抖动】设置为"100%"，【最小直径】设置为"3%"，
【角度抖动】设置为"30%"，如图 4-12 所示。

步骤 3：勾选【散布】和【颜色动态】选项。将【散布】设置为"33%"，【前景/背景抖
动】设置"50%"，【色相抖动】设置为"8%"，如图 4-13 所示。

图 4-10　新建文件

图 4-11　画笔笔尖形状设置

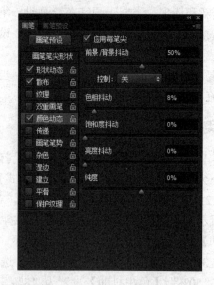

图 4-12　【形状动态】参数设置

图 4-13　【散布】和【颜色动态】参数设置

步骤 4：单击新建图层按钮，将新图层命名为"草地"，设置前景色为暗绿色 RGB（52，174，73），背景色为绿色 RGB（0，255，0），绘制草地，效果如图 4-14 所示。

图 4-14　绘制草地

步骤 5：新建"蓝天"图层，选择软圆点画笔，【大小】设置为 600 点，画笔颜色设为浅蓝色，在画布中从左向右拖动画笔，绘制出天空的效果，如图 4-15 所示。

图 4-15　绘制蓝天

步骤 6：新建"白云"图层，将画笔大小改为 100，画笔颜色设为白色，绘制出白云的效果，如图 4-16 所示。

图 4-16　绘制白云

步骤 7：同样道理，选择粉笔笔刷和枫叶笔刷，分别绘制出树干和枫叶的效果，绘制的树干和枫叶要放在两个不同的层里，效果如图 4-17 所示。

图 4-17　绘制树干和枫叶

4.2　任务 2　填充与擦除工具的使用

填充与擦除工具是 Photoshop 中常用的两种工具，填充工具可以给物体赋予颜色，从而使物体更加生动，擦除工具可以修改图像中出错的区域，对图像进行修正。通过将图 4-18（a）处理成图 4-18（b），使读者掌握擦除工具组及填充工具组的使用。

（a）原图　　　　　　　　　　　　　　（b）效果图

图 4-18　图像合成

4.2.1　相关知识

1. 填充工具组

在 Photoshop 中有三种填充工具：油漆桶工具、渐变工具和 3D 材质吸管工具和 3D 材质拖放工具，通过这四种工具给物体赋予颜色，从而使物体更加生动。

（1）油漆桶工具

油漆桶工具用来填充纯色或图案。它不能用于位图模式的图像。选择油漆桶工具后，工具选项栏如图 4-19 所示。

图 4-19 油漆桶工具选项栏

选项栏中各选项含义如下：

● 填充方式：可选择前景或图案两种填充。当选择【图案】填充模式时，可在下拉列表
   中选择相应的图案。
● 【不透明度】：用于设置填充的颜色或图案的不透明度。
● 【容差】：用于设置油漆桶工具进行填充的图像区域，取值范围 0～255。
● 【消除锯齿】：用于消除填充区域边缘的锯齿形。
● 【连续的】：选中该选项，与光标单击处相邻，且有颜色的区域进行填充；不选，则对
   光标单击处不相邻，但颜色相似的区域进行填充。
● 【所有图层】：选中表示作用于所有图层。

当选择"图案"填充时，图案拾色器被激活，用户可
以选择系统提供的图案，也可以自己定义喜欢的图案，自
定义图案的方法如下。

① 打开要定义为图案的图像，并制作要定义为图案的
选区，如图 4-20 所示。

② 执行【编辑】|【定义图案】命令，打开【图案名
称】对话框，如图 4-21 所示，将图案重命名为"flower"。

图 4-20 制作选区

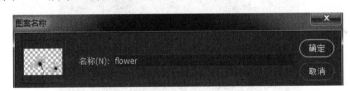

图 4-21 【图案名称】对话框

③ 选择油漆桶工具，在图案拾色器中，选择 flower 图案，并设置不透明度、容差等，
在所选区域进行填充，如图 4-22 所示。

图 4-22 绘制图案

（2）渐变工具

渐变工具可以创建多种颜色间的逐渐混合。通过在图像中拖动，实现用渐变填充区域。

提示：渐变工具不能用于位图、索引颜色或每通道 16 位模式的图像。

如果要填充图像的一部分，需要选择要填充的区域，否则，渐变填充将应用于整个当前图层。如图 4-23 所示为渐变工具的选项栏。

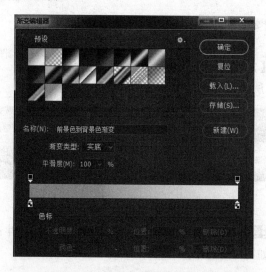

图 4-23　渐变工具选项栏

在工具选项栏中可以选择要填充的渐变类型。

● 线性渐变◼：以直线从起点渐变到终点。
● 径向渐变◼：以圆形图案从起点渐变到终点。
● 角度渐变◼：以逆时针扫过的方式围绕起点渐变。
● 对称渐变◼：使用对称线性渐变在起点的两侧渐变。
● 菱形渐变◼：以菱形图案从起点向外渐变，终点定义菱形的一个角。

在进行实际创作时，可以自己对渐变颜色进行编辑，以获得新的渐变色。操作步骤如下。

① 选择渐变工具◼，然后在选项栏中单击【渐变】下拉列表框中的渐变预览条，打开如图 4-24 所示的【渐变编辑器】窗口。

图 4-24　【渐变编辑器】窗口

② 单击【新建】按钮，新建立一个渐变颜色。此时在【预设】列表框中将多出一个渐变样式，单击并在其基础上进行编辑。

③ 在【名称】文本框中输入新建渐变的名称，再在【渐变类型】下拉列表中选择【实底】选项。

④ 在渐变色带上单击起点颜色标志（在色带的下边缘），此时【色标】选项组中的【颜色】下拉列表框将会置亮，单击【颜色】下拉列表框右侧的按钮，选择一种颜色。

提示：如果用户要在颜色渐变条上增加一个颜色标志，则可以移动鼠标指针到色带的下方，当指针变为小手形状时单击即可，如图 4-25 所示。

图 4-25　渐变色的编辑

⑤ 指定渐变颜色的起点和终点颜色后，还可以指定渐变颜色在色带上的位置，以及两种颜色之间的中点位置。设置渐变位置可以拖动标志，也可以在【位置】文本框中直接输入数值精确定位。如果要设置两种颜色之间的中点位置，则可以在渐变色带上单击中点标志◇，并拖动即可。

⑥ 设置渐变颜色后，如果想给渐变颜色设置一个透明蒙版，可以在渐变色带上边缘选中起点透明标志或终点透明标志，然后在【色标】选项组的【不透明度】和【位置】文本框中设置不透明度和位置，并且调整这两个透明标志之间的中点位置。

（3）3D 材质吸管工具和 3D 材质拖放工具

3D 材质吸管工具✎可以吸取 3D 材质纹理，以及查看和编辑 3D 材质纹理。3D 材质拖放工具✎可以对 3D 文字和 3D 模型填充纹理效果。这两种工具经常需要配合使用。使用方法如下。

① 打开待编辑的 3D 图像，如图 4-26 所示。

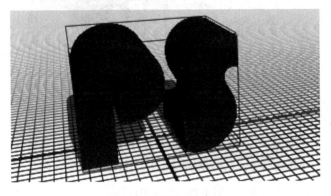

图 4-26　打开 3D 图像

② 选择 3D 材质拖放工具✎，在工具选项栏上选择某种 3D 材质，选中后在工具选项栏上显示所选择的材质名称，如图 4-27 所示。

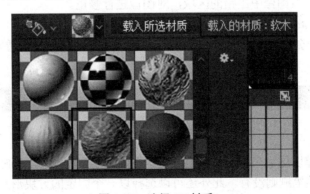

图 4-27　选择 3D 材质

③ 在图像中选择需要修改材质的地方，单击鼠标左键，将选择的材质应用到当前所选区域中，如图 4-28 所示。

图 4-28　应用 3D 材质

④ 选择 3D 材质吸管工具，在图像材质上单击鼠标，可以在属性栏中查看到该材质纹理信息。单击右键，可以对选择的材质进行编辑，如图 4-29 所示。

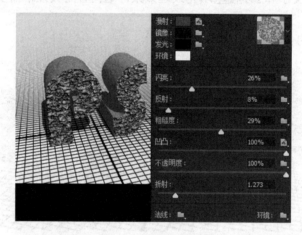

图 4-29　编辑 3D 材质

2. 擦除工具组

Photoshop 中提供了三种擦除工具：橡皮擦工具、背景橡皮擦工具和魔术橡皮擦工具，利用它们可以修改图像中出错的区域，对图像进行修正。

（1）橡皮擦工具

Photoshop 中的橡皮擦工具是用来擦除像素的，擦除后的区域变为透明。其工具选项栏如图 4-30 所示。

图 4-30　橡皮擦工具选项栏

在模式中可选择以画笔笔刷或铅笔笔刷进行擦除，两者的区别在于画笔笔刷的边缘柔和，带有羽化效果，铅笔笔刷则没有。此外还可以选择以一个固定的方块形状来擦除。

不透明度、流量以及喷枪方式都会影响擦除的力度，较小力度（不透明度与流量较低）

的擦除会留下半透明的像素。

【抹到历史记录】选项的效果同历史记录画笔工具一样，需要配合【历史记录】面板来使用。

注意：如果在背景层上使用橡皮擦，由于背景层的特殊性质（不允许透明），擦除后的区域将被背景色所填充。因此如果要擦除背景层上的内容并使其透明的话，要先将其转为普通图层。

（2）背景橡皮擦工具

背景橡皮擦工具的使用效果与普通的橡皮擦相同，都是抹除像素，可直接在背景层上使用，使用后，背景层将自动转换为普通图层。工具选项栏如图 4-31 所示。

图 4-31　背景橡皮擦工具选项栏

单击连续按钮时，背景橡皮擦采集画笔中心的色样时会随着光标的移动进行采样，可以任意擦除。单击取样一次按钮，背景橡皮擦采集画笔中心的色样只采取颜色一次，而只擦除所吸取的颜色。单击背景色板按钮时，所擦除的颜色是设置的背景色。

当启用【保护前景色】按钮时，与用户设置的前景色相同的颜色，将不被擦除。

背景橡皮擦工具有"替换为透明"的特性，加上其又具备类似魔棒选择工具那样的容差功能，因此也可以用来抹除图片的背景。

（3）魔术橡皮擦工具

魔术橡皮擦工具在作用上与背景橡皮擦类似，都是将像素抹除以得到透明区域。只是两者的操作方法不同，背景色橡皮擦工具采用了类似画笔的绘制（涂抹）型操作方式。而魔术橡皮擦则是区域型（即一次单击就可针对一片区域）的操作方式。

工具选项栏中各选项含义与前面介绍的相同，在此不赘述。

几种橡皮擦工具的作用无一例外都是用来抹除像素的，在实际使用中建议读者通过选区和蒙版来达到抹除像素的目的，而尽量不要直接使用有破坏作用的橡皮擦工具。

4.2.2　实施步骤

步骤 1：打开要处理的图像，在背景图层上单击右键选择【复制图层】，结果如图 4-32 所示。

图 4-32　打开并复制背景图层

　　技巧：在处理图像时，要养成复制背景图层的习惯，这样一切操作都在复制背景上进行，发生错误操作时能够方便的恢复到原来的图片。

　　步骤 2：选中背景图层，单击创建新图层按钮 ，在背景图层上创建一个新的图层，重命名为"新背景"。选择渐变工具 ，打开【渐变编辑器】，设置蓝白渐变，对新背景图层填充线性渐变，如图 4-33 所示。

图 4-33　编辑线性渐变

　　步骤 3：在工具箱中选择魔术橡皮擦工具 ，工具选项栏设置如图 4-34 所示。

图 4-34　设置魔术橡皮擦工具参数

　　步骤 4：选中背景拷贝图层，用魔术橡皮擦工具 分别单击一下左、右侧天空，效果如图 4-35 所示。

图 4-35　擦除蓝天背景

　　技巧：魔术橡皮擦的容差设得越大，抠图后没有擦干净的部分就越少，而图上被误擦去的部分就会越多。具体设多少，要因图而定。在处理一幅图时，多试几次就能找到合适的容差大小。

　　步骤 5：选择橡皮擦工具 ，设置合适的画笔大小，擦掉多余的天空。

　　步骤 6：修复误擦除的旗杆。修复方法如下。

　　① 把旗杆的局部放大，以便容易处理，改变新背景图层的不透明度，使得误擦掉的旗杆

部分透过新背景图层清晰可见，这里新背景图层不透明度设为 40%。

② 选择背景拷贝图层（因为旗杆就是在这一层上被误擦掉的），打开【历史记录】面板，在想要恢复的命令行前点选，如图 4-36 所示。

③ 选择橡皮擦工具，在工具选项栏上勾选【抹到历史记录】，设置画笔大小为 4 像素，仔细地修补旗杆。效果如图 4-37 所示。

图 4-36　选择历史记录源

图 4-37　修补旗杆

技巧：在利用历史记录画笔恢复误擦除的旗杆时，注意到旗杆是一条直线，在设置了合适的笔刷大小后，在误擦除的旗杆一端单击鼠标，然后移动到另一端，按下 Shift 键单击鼠标，这样就可以画一条直线。

④ 修补完毕之后，激活新背景图层，并把【不透明度】恢复到 100%，如图 4-38 所示。

图 4-38　恢复不透明度

步骤 7：仔细观察，会发现天空和其他景物的颜色还不协调，许多细节也不满意，接下来对一些细节的色彩进行局部调整。观察左上方的棕榈树，会发现邻近的天空颜色把棕榈树和邻近天空分成不同的区域，这里共分了 5 块区域，每一个区域中的天空颜色基本是一样的。如图 4-39 所示。

步骤 8：选择吸管工具，在第一块中邻近棕榈叶的天空处吸色，再选择画笔工具，选择半径 30 的软性画笔，【混合模式】设置为"颜色"，并设置合适的【流量】和【不透明度】，对同一块中邻近天空处的棕榈叶上色。其他区域同样处理，效果如图 4-40 所示。

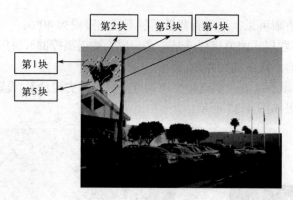

图 4-39　分块示意图

图 4-40　细节色彩调整

步骤 9：在补色的同时，可以对一些生硬的"接口处"，用橡皮擦做最后细微的修饰，最终效果如图 4-18（b）所示。

图 4-41　绘制鲜橙

4.3　任务 3　图像修饰工具的使用

Photoshop 中提供了六种图像修饰工具，利用图像修饰工具，可以对图像的细节部分进行调整，从而实现较为逼真的效果。通过如图 4-41 所示的鲜橙的绘制，使读者掌握修饰工具中加深/减淡工具的使用及简单的滤镜应用。

4.3.1　相关知识

Photoshop 中提供了六种图像修饰工具，其中模糊工具 、锐化工具 和涂抹工具 常用来制作一些图像特效，而加深工具 、减淡工具 和海绵工具 常用来改变图像的颜色。

1. 模糊工具

模糊工具 通过将图像中像素之间的对比度降低，从而产生模糊效果。利用模糊工具可以柔化硬边缘或减少图像中的细节。模糊有时候是一种表现手法，将画面中其余部分作模糊处理，就可以凸显主体，从而可以得到摄影中的景深效果，如图 4-42 所示。

（a）原图

（b）效果图

图 4-42　模拟景深效果

2．锐化工具

锐化工具△的作用和模糊工具正好相反，它是将图像中模糊的部分变得清晰。模糊的最大效果是体现在色彩的边缘上，原本清晰分明的边缘在模糊处理后边缘被淡化，整体就感觉变模糊了。而锐化工具则强化色彩的边缘。但过度使用会造成如图 4-43 的色斑，因此在使用过程中应选择较小的强度并小心使用。

（a）锐化前

（b）锐化后

图 4-43　锐化图像

锐化工具的"将模糊部分变得清晰"，这里的"清晰"是相对的，它并不能使拍摄模糊的照片变得清晰，这是由于点阵图像的局限性，在第一次的模糊之后，像素已经重新分布，原本不同颜色之间互相融入形成新颜色，而要再从中分离出原先的各种颜色是不可能的。因此，不能将模糊工具和锐化工具当作互补工具来使用。比如模糊太多了，就锐化一些。这种操作是不可取的，不仅不能达到所想要的效果，反而会加倍地破坏图像。

Photoshop 众多的工具和命令中，有许多彼此间的作用是互为相反的，但绝大多数互为相反的都不能作为互补来使用，包括后面的减淡工具和加深工具也是如此。

3．涂抹工具

涂抹工具✋模拟将手指拖过湿油漆时所看到的效果，它拾取描边开始位置的颜色，并沿拖移的方向展开这种颜色。选择涂抹工具✋，在选项栏中选取【画笔笔尖】和【混合模式】

选项。

　　在选项栏中选择【手指绘图】，则可使用每个描边起点处的前景色进行涂抹，如果取消选择该选项，涂抹工具会使用每个描边的起点处指针所指的颜色进行涂抹。效果如图 4-44 所示。

（a）涂抹前

（b）取消【手指绘画】选项

（c）打开【手指绘画】选项

图 4-44　涂抹图像

4．减淡与加深工具

　　选择减淡工具 或加深工具 ，在要变亮或变暗的图像部分上拖动，可使图像区域变亮或变暗。这两个工具都可以选择针对高光（图像中的亮区）、中间调（图像中灰色的中间范围）或阴影（图像中的暗区）区域进行变亮或变暗操作，这两个工具曝光度设定越大则效果越明显。效果如图 4-45 所示。

（a）原图

（b）高光

图 4-45　减淡工具

（c）中间调　　　　　　　　　　　　　　　　（d）暗调

图 4-45　减淡工具（续）

5. 海绵工具

海绵工具▣用来改变图像局部的色彩饱和度，在工具选项栏中有两种模式可供选择："去色"和"加色"。海绵工具不会造成像素的重新分布，因此其去色和加色方式可以作为互补来使用，过度去除色彩饱和度后，可以切换到加色方式，增加色彩饱和度，如图 4-46 所示，但无法为已经完全为灰度的像素增加上色彩。

（a）原图　　　　　　　　　　（b）"去色"模式　　　　　　　　（c）"加色"模式

图 4-46　海绵工具

在灰度模式下，海绵工具通过使灰阶远离或靠近中间灰色来增加或降低对比度。

4.3.2　实施步骤

步骤 1：执行【文件】|【新建】命令或按下 Ctrl+N 键，新建一个 600 像素×450 像素、分辨率 72 dpi、白色背景、RGB 模式的图像。

步骤 2：新建图层 1，选择套索工具▣，绘制橙子外形选区，如图 4-47 所示。

注意：读者在学习了第 6 章后，也可以用椭圆工具画一个椭圆，然后对椭圆的路径形状加以调整，为了使路径更符合实际的橙子外形，还可以用钢笔在此路径上添加一些节点再作更进一步的调整。调整后路径如图 4-48 所示。在【路径】面板中单击将路径作为选区载入按钮▣，生成如图 4-47 所示的选区。

步骤 3：打开【渐变编辑器】，将左端的颜色设置为 RGB（248，189，104），右端颜色设置为 RGB（245，114，7）。渐变类型设置为径向渐变▣，效果如图 4-49 所示。

步骤 4：选择套索工具▣，绘制橙子受光面的选区（同样也可以用钢笔工具进行绘制，第

6 章将介绍，然后转换为选区）。执行【选择】|【修改】|【羽化】命令，设置【羽化半径】为
"10"。按下 Ctrl+M 键，将羽化的区域的颜色稍微调亮些。效果如图 4-50 所示。

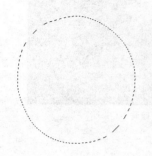
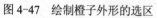

图 4-47　绘制橙子外形的选区　　图 4-48　绘制橙子外形的路径　　图 4-49　填充渐变

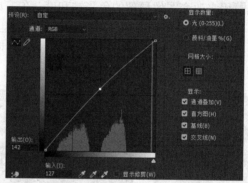

图 4-50　制作受光面

　　步骤 5：选择加深工具，不要勾选【保护色调】，在橙子边缘涂抹，制作橙子背光面的
暗调部分，效果如图 4-51 所示。

　　步骤 6：添加一个受光面，使橙子看起来更有立体感。假设光是从底部向上照，且灯光
颜色为白色，那么就该把橙子的底部也作为受光面来处理，选择椭圆选框工具，将橙子的
底部框出来，再选择套索工具，将它的形状做修改，如图 4-52 所示。

图 4-51　制作背光面　　　　　　　图 4-52　添加受光面

　　步骤 7：将选区羽化 20 个像素，并重复两次羽化。按下 Ctrl+M 键，将选区内的部分调
亮，如图 4-53 所示。

步骤 8：选择减淡工具 ，不要勾选【保护色调】，在橙子的底部涂抹。因为光是从下面照射的，那么越是橙子的底部的反光就越是强烈，也就是说越是底部的颜色就越是发白，效果如图 4-54 所示。

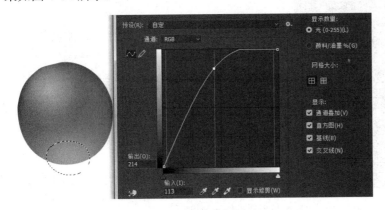 

图 4-53　将底部选区调亮　　　　　　　　　　　图 4-54　制作底部受光面

步骤 9：制作橙子表面纹理。将图层 1 复制一个为图层 1 拷贝（按下鼠标左键，将图层 1 拖动到创建新图层按钮 ），将前景色设置为 RGB（244，136，41），背景色设为白色。执行【滤镜】|【滤镜库】|【素描】|【网状】命令，设置【浓度】为"15"，【前景色阶】为"20"，【背景色阶】为"0"。将图层【混合模式】设置为"叠加"，【不透明度】改为"50%"，效果如图 4-55 所示。

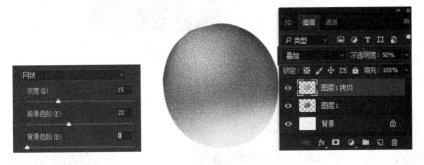

图 4-55　制作橙子表面纹理

步骤 10：选择图层 1 拷贝，执行【滤镜】|【渲染】|【光照效果】命令，设置【光源类型】为"聚光灯"，【强度】为"77"，【聚光】为"40"，【纹理】为"红"，【环境】为"8"，其他保持默认不变，完成后效果如图 4-56 所示。

步骤 11：新建图层 2，选择套索工具 或钢笔工具 ，绘制橙子节柄的选区，并填充棕绿色 RGB（82，117，17），如图 4-57 所示。

步骤 12：选择加深工具 或减淡工具 ，在橙子节柄上涂抹，制作出节柄的立体感，效果如图 4-58 所示。

步骤 13：制作节柄周围的褶皱。选择图层 1，选择加深工具 或减淡工具，以节柄为中心，适当调整笔触的大小，并将【曝光度】降低至"10%"左右，制作褶皱的起伏。效果如图 4-59 所示。

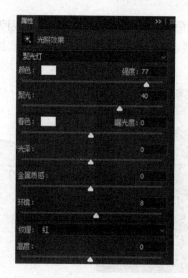

图 4-56　光照效果参数设置及效果

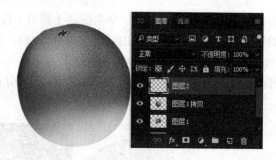

图 4-57　绘制橙子节柄选区

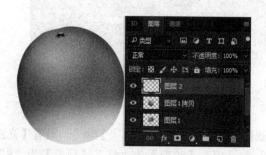

图 4-58　制作橙子节柄立体感　　　　　　图 4-59　制作褶皱

　　注意：制作"起伏"时，起的地方的颜色用减淡工具处理，因为它是突起的，所以所受到的光照会比"伏"的地方要多得多；相反"伏"的地方用加深工具去处理。

4.4　任务 4　图像修复工具的使用

　　通过将图 4-60（a）中的原图修复成图 4-60（b）中的效果图，使读者掌握图像修复工具组的使用，能够选用合适的修复工具，完成对图像的完美修复，尽可能地还原图像的本来面貌。

（a）原图　　　　　　　　　　　　　（b）效果图

图 4-60　图像修复

4.4.1　相关知识

Photoshop 中提供的修复工具有图章工具组和修复工具组。图章工具组中提供了两种图章工具：仿制图章工具■和图案图章工具■。修复工具组中提供了五种修复工具：污点修复画笔工具■、修复画笔工具■、修补工具■和红眼工具■和内容感知移动工具■。

1. 图章工具组

图章工具组都是利用图章工具进行修复。不同的是：仿制图章工具■是利用图像中的某一区域工作，而图案图章工具■是利用图案工作。

（1）仿制图章工具

仿制图章工具可以从图像中取样（按下 Alt 键取样），然后将样本应用到同一图像的其他部分或其他图像，选中仿制图章工具■后，工具选项栏如图 4-61 所示。

图 4-61　仿制图章工具选项栏

工具选项栏中各选项功能如下。

- 【不透明度】：用于设置复制后图像的不透明度。
- 【流量】：流量是控制画笔颜色的轻重，好比实物画笔中墨水的多少，墨水越多，画出的效果越浓；墨水越少，画出的效果越淡。
- 【对齐】：选中此选项，在取样时会对图像连续取样，而不会丢失当前的取样点。
- 【样本】：样本选项用来设置取样的图层，有三个选项：当前图层、当前和下方图层、所有图层。

技巧：修复图像时，尽量不要直接在原图上修复，因为此操作是不可逆的，会破坏原图。建议新建一个空白层，将【样本】选项设置为"当前和下方图层"，这样复制出来的图像是生成在空白层里的，不会破坏原图，如图 4-62 所示。

图 4-62　仿制图章工具修复图像

（2）图案图章工具

图案图章工具可以利用图案进行绘画。选择该工具后，工具选项栏如图 4-63 所示。

图 4-63　图案图章工具选项栏

单击图案拾色器右边的小箭头，可以进行图案的追加，如图 4-64 所示。

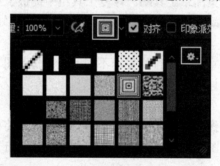

图 4-64　图案拾色器

如果拾色器中没有用户喜欢的图案，用户也可以将喜欢的图案添加到拾色器中，方法与 4.2 节中介绍的相同。

2. 修复工具组

（1）污点修复画笔工具

污点修复画笔工具可以快速移去图像中的污点和其他不理想部分。它使用图像或图案中的样本像素进行绘画，并将样本像素的纹理、光照、透明度和阴影与所修复的像素相匹配。它不要求指定样本点，是自动从所修饰区域的周围取样。

选择污点修复画笔工具，设置画笔大小，在污点处单击鼠标就可去除污点，如图 4-65 所示。

（a）原图　　　　　　　　　　　　　　　　（b）效果图

图 4-65　污点修复

提示： 使用时要设置画笔大小，所选画笔大小比要修复的区域稍大一点的最为适合，只需点按一次即可覆盖整个区域。

在工具选项栏中有以下三种匹配类型。

- 【近似匹配】：用于周边图像环境较为简单的时候，比如说一幅纯色图片，当中有个黑点，使用近似匹配较为好用。
- 【创建纹理】：大面积擦改后会发现使用后的效果有些类似磨砂玻璃的样子，多用于较为模糊或带有材质质感的地方，比如说皮肤。
- 【内容识别】：能够根据图片的周围内容进行精细修复。

（2）修复画笔工具

修复画笔工具 ![icon] 利用图像或图案中的样本像素来校正瑕疵，使瑕疵消失在周围的图像中，还可将样本像素的光照、纹理、阴影和透明度与所修复的像素进行匹配。而仿制图章工具 ![icon] 修复图像时是原样仿制取样点而不会与修复的像素进行匹配。区别如图 4-66 所示。

（a）使用仿制图章工具　　　　　　　　　　　（b）使用修复画笔工具

图 4-66　使用修复画笔工具与仿制图章工具的区别

（3）修补工具

修补工具 ![icon] 利用图像的局部或图案来修复选中的区域。与修复画笔工具 ![icon] 一样，修补工具将样本像素的纹理、光照和阴影与源像素进行匹配，适合大面积的修整。操作方法如下。

① 制作要修补区域的选区，如图 4-67 所示，在制作选区时，可以利用修补工具 ![icon] 绘制，

也可以利用其他制作选区的工具绘制。

② 选择修补工具▦，将鼠标移动到选区内，按下鼠标左键将其拖动到要取样的区域进行修补，如图 4-68 所示。释放鼠标左键，完成修补，按下 Ctrl+D 键，取消选区。

图 4-67 制作选区

图 4-68 修补

（4）红眼工具

利用红眼工具▣可以方便地去除闪光灯拍摄的人物照片中的红眼。使用较为简单，只需将光标移到红眼区域，单击鼠标即可，如图 4-69 所示。

（a）原图

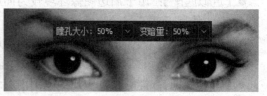

（b）效果图

图 4-69 红眼工具

（5）内容感知移动工具

选择内容感知移动工具▨，工具选项栏如图 4-70 所示。

| ■ | ■ | ⬚ | ⬚ | 模式：移动 ✓ | 结构：4 ✓ | 颜色：0 ✓ | □ 对所有图层取样 | ☑ 投影时变换 |

图 4-70 内容移动感知工具选项栏

【模式】中有【移动】与【扩展】选项。【移动】选项的作用是剪切与粘贴，【扩展】选项的作用是复制与粘贴。以【扩展】功能为例，介绍内容感知移动工具的操作。

① 在背景层上，新建图层 1，选择内容感知移动工具▨，工具选项栏上勾选【对所有图层取样】，在【模式】选择【扩展】，在需要移复制的区域制作选区。如图 4-71 所示。

② 选中图层 1，在选区中，按住鼠标左键拖动，移到想要放置的位置后松开鼠标，如图 4-72 所示。

③ 同样方法，新建图层 2，利用内容移动感知工具复制内容，如图 4-73 所示。

④ 把图层 1 和图层 2 中的图像修改大小，效果如图 4-74 所示。

【移动】选项的使用方法与【扩展】选项类似，效果如图 4-75 所示。

图 4-71　制作选区

图 4-72　复制生成图层 1

图 4-73　复制生成图层 2

图 4-74　最终效果

（a）原图　　　　　　　　　　　　　　　（b）移动后

图 4-75　内容移动感知工具的【移动】选项

4.4.2　实施步骤

步骤 1：执行【文件】|【打开】命令，打开要处理的图像，观察发现这是一幅破损的旧照片，照片上有手写的笔迹，还有腐蚀的斑痕，而且照片上有些地方已经泛黄。

步骤 2：选择修补工具，选择矩形选框工具，在手写字区域绘制矩形选区，如图 4-76（a）所示。

步骤 3：按下并拖动鼠标左键，拖动到地面上其他与选区部分颜色的区域，释放鼠标，完成修补，效果如图 4-76（b）所示。

（a）绘制矩形选区　　　　　　　　　　　　（b）修复效果

图 4-76　修复图像上的手写字

步骤 4：选择仿制图章工具，将【画笔】大小设为"5"，按下 Alt 键，在靠近破损鞋子的部位进行取样，对破损部分进行修复，在修复时可多次取样，效果如图 4-77 所示。

步骤 5：选择仿制图章工具，将【画笔】大小设为"7"，其他采用默认设置，按下 Alt 键，在人物衣服的纽扣上进行取样，对模糊不清的纽扣进行复原操作，效果如图 4-78 所示。

图 4-77　修复破损鞋子　　　　　　　　图 4-78　修复纽扣

步骤 6：同样，选择仿制图章工具，修复人物衣服上的斑点，效果如图 4-79 所示。

注意：

利用仿制图章工具修复时，一定要遵循就近取样的原则，在修复人物手指旁的污点时，将画笔设的小些，以方便控制。在修复时，要注意尽量不要破坏衣服原有的褶皱。

步骤 7：选择污点修复画笔工具，根据污点大小设置画笔的大小，对图像上相对分散的小块污点进行修复，效果如图 4-80 所示。

图 4-79 修复衣服上斑点   图 4-80 修复小块斑点

步骤 8：选择仿制图章工具，合理设置画笔的大小，将图像上其他的污点进行修复，效果如图 4-81 所示。

步骤 9：人物衣服上白色部分有点儿泛黄，可以利用减淡工具进行修复，效果如图 4-82 所示。

图 4-81 修复斑点   图 4-82 处理泛黄部分

小结

在 Photoshop 中创作一幅作品时，需要绘制一些图像或对图像进行一些适当的编辑或修饰，以达到所需的效果。本章主要介绍了绘图工具及修图工具的使用，通过四个实例的练习，让读者能够自主完成一幅简单作品的绘制，能够选择合适的工具，完成图像的修复与润色。

习题 4

1. 使用_____工具绘制的线条比较尖锐，比较生硬。

     A. 艺术画笔   B. 铅笔   C. 颜色替换   D. 画笔

2. 画笔笔尖形状不可以改变的是_____。

     A. 颜色   B. 角度   C. 笔尖硬度   D. 间距

3. Photoshop 中渐变样式不包括_____。

     A. 线性渐变   B. 径向渐变   C. 角度渐变   D. 放射性渐变

4. 弹出画笔预设面板的快捷键是_____。

     A. F5   B. F6   C. F7   D. F8

5. 使用背景橡皮擦工具擦除图像后，前背景颜色将变为_____。

     A. 白色   B. 透明色

     C. 与当前背景颜色不同   D. 以上说法都不对

6. 红眼工具选项栏的参数中，包括下面_____选项。

     A. 流量   B. 取样   C. 模式   D. 变暗量

7. 内容感知移动工具的功能有什么？

8. 利用修复画笔工具将图 4-83（a）中的图像进行修复，修复后图像如图 4-83（b）所示。

          （a）原图   （b）效果图

图 4-83   修复图像

9. 利用仿制图章工具、修补工具等将图 4-84（a）中破损的图像进行修复，修复后效果如图 4-84（b）所示。

（a）原图 （b）效果图

图 4-84 修复破损图像

第5章 图像色调与色彩调整

本章要点：

- ☑ 图像色调的调整方法
- ☑ 图像色彩的调整方法

5.1 任务1 图像色调的调整

通过将图 5-1（a）所示的原图调整成图 5-1（b）所示的效果，使读者了解图像色调调整的思路，掌握色阶等色调调整命令的使用，能够根据照片存在的不同缺陷，选用合适的方法进行调整，以得到满意的效果。

（a）原图 　　　　　　　　　　　　　　　　（b）效果图

图 5-1　图像色调调整

5.1.1 相关知识

色调是指图像的明暗关系。在图像处理过程中，很多时候需要进行色调调整，如向一幅效果图中添加一个外部置入图像时，如果置入图像的亮度高于原图像，需要将其亮度降低。另外，通过调整图像的色调，还可以提高图像的清晰度，使图像看上去更加生动。

1. 直方图

直方图是以图形化参数来显示图片曝光精确度的手段，其描述的是图片显示范围内影像的灰度分布曲线。在处理偏色图像时，常依据直方图来校正。

执行【窗口】|【直方图】命令，可以打开或关闭【直方图】对话框，如图 5-2 所示。

直方图的左边显示了图像的阴影信息，直方图的中间显示了图像的中间色调信息，直方图的右边显示了图像的高亮信息。直方图中各相关信息含义如下。

● 【平均值】：显示直方图色调的平均值。
● 【标准偏差】：显示层次值的变换幅度，该值越小，所有像素的色调分布越靠近平均值。
● 【中间值】：显示层次值的中间值。

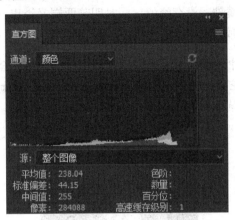

图 5-2　【直方图】对话框

● 【像素】：显示像素的总数目。
● 【色阶】：显示当前光标处的色调值。
● 【数量】：显示对应于当前光标层次的像素数目。
● 【百分位】：显示低于当前光标或选区色调的像素的累计数目，该值是以在整幅图像的总像素中所占的比例来表示的。
● 【高速缓存级别】：显示图像高速缓存的设置，该值与【预置】对话框中的【内存与图像高速缓存】设置有关。

　　一幅比较好的图像应该明暗细节都有，在柱状图上就是从左到右都有分布，同时直方图的两侧是不会有像素溢出的，如图 5-3（a）所示。直方图的竖轴表示相应部分所占画面的面积，峰值越高，说明该明暗值的像素数量越多。

（a）曝光正常　　　　　　　　　　（b）曝光不足　　　　　　　　　　（c）曝光过度

图 5-3　利用直方图来分析图像

　　如果直方图显示只在左边有，说明画面没有明亮的部分，整体偏暗，有可能曝光不足，如图 5-3（b）所示。

　　如果直方图显示只在右边有，说明画面缺乏暗部细节，很有可能曝光过度，如图 5-3（c）所示。

　　如果整个直方图贯穿横轴，没有峰值，同时明暗两端又溢出。这幅照片很可能会反差过高，这将给画面明暗两极都产生不可逆转的明暗细节损失。

　　注意：并不是直方图中波峰居中且比较均匀的图像才是曝光合适的，判断一张图像的曝光是否准确，关键还是看它是否准确的体现出拍摄者的意图。比如通常的夜景图片，在直方图中就是阴影信息较多，如图 5-4 所示。

图 5-4　夜景

2. 色阶

　　执行【图像】|【调整】|【色阶】命令或按下 Ctrl+L 键，打开【色阶】对话框，如图 5-5 所示。

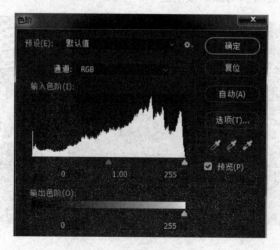

图 5-5　【色阶】对话框

在【色阶】对话框中，有三种颜色的滑块，黑色滑块 ▆ 表示黑场（即图像中阴影信息），白色滑块 ▲ 表示白场（即图像中高光信息），灰色滑块 ▲ 表示灰场（即图像中灰部信息）。

对话框中各选项功能如下。

（1）【输入色阶】选项

该选项有两种调整方法，一种是通过拖动色阶的滑块来调整，一种是直接在文本框中输入数值。取值范围是 0～255。

（2）【输出色阶】选项

该选项可以缩小图像亮度的范围。当黑色滑块向右拖动后，图像整体色调变白，如图 5-6（a）所示；当白色滑块向左拖动时，图像整体色调变黑，如图 5-6（b）所示。

　　　　（a）　　　　　　　　　　　　　　　　　　（b）

图 5-6　调整输出色阶

（3）【通道】选项

【色阶】对话框中默认的通道是 RGB（当打开的图像是 RGB 模式时），这时调整输入色阶与输出色阶，调整的是整个图像的明暗关系，图像色相不会发生变化。

【通道】选项中的内容是根据图像的图像模式来决定的，当编辑的图像为 RGB 模式时，选项中的内容为："RGB""红""绿""蓝"。当图像模式为 CMYK 时，则选项中的内容为："CMYK""青色""洋红""黄色""黑色"。

利用色阶调整偏色图像时，一般不会进入某个通道去调整。

（4）吸管工具

在【色阶】对话框中有三个吸管工具，分别为设置黑场 ✐、设置白场 ✐ 和设置灰场 ✐。

选择设置黑场 ✐，会将图像中最暗处的色调设置为单击处的色调值，所有比它更暗的像素变为黑色。

选择设置白场 ✐，在图像中单击，会将最亮处的色调值设置为单击处的色调值，所有比它更亮的像素将变为白色。

选择设置灰场 ✐，在图像中单击，则单击处颜色的亮度将成为图像的中间色调范围的平均亮度。

另外，也可以利用单击【选项】按钮，打开自动颜色校正对话框，如图 5-7 所示。可以在【目标颜色和修剪】选项中设置【阴影】【中间调】【高光】三种色调的颜色。

（5）【自动】

单击【自动】按钮，将以 0.5% 的比例调整图像的亮度。它将图像中最暗的像素变成黑色，

图像中最亮的像素变成白色。其作用与执行【图像】|【调整】|【自动色调】命令相同。

　　一般来说，自动色阶适用于简单的灰度图像和像素值比较平均的图像。如果是复杂的图像，则通过手动调整效果会比较好。

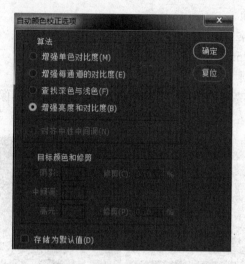

图 5-7　自动颜色校正选项

3. 亮度/对比度

　　该命令用于调节整幅图像的亮度与对比度，在调节时作用于图像中的全部像素（不能做选择性处理，也不能作用于单个通道）。它对于对比度不明显的图像非常有效，不适合进行精确的色调调节。另外，对于高端输出，不能使用【亮度/对比度】命令，因为它可能会导致图像细节丢失。

　　打开一幅图像后，执行【图像】|【调整】|【亮度/对比度】命令，打开如图 5-8 所示的【亮度/对比度】对话框。

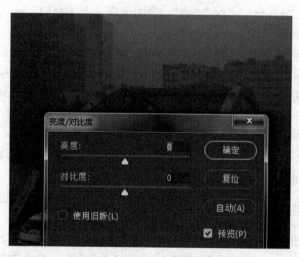

图 5-8　【亮度/对比度】对话框

　　该对话框中有个【使用旧版】单选按钮，禁用此选项时，【亮度】设置范围是 -150～150，

【对比度】设置范围是-50～100。当启用该选项时，【亮度】设置范围是-100～100，【对比度】设置范围是-100～100。默认情况下是禁用该项的。

启用【预览】选项，拖动滑块，改变亮度对比度的值，直到效果满意，如图 5-9 所示。

图 5-9　调整图像的亮度对比度

注意：【亮度/对比度】对话框中，无论是否启用【使用旧版】按钮，都可以调整图像的明暗关系，只是由于参数值的范围不同，效果会有所差别。读者可自行实验。

4. 阴影/高光

由于曝光过度或曝光不足，有些图像的某些区域会产生瑕疵，利用【阴影/高光】功能可以轻松地改善缺陷图像的对比度，同时保持照片的整体平衡，使图像更加完美。

打开一幅待校正的图像，如图 5-10 所示，执行【图像】|【调整】|【阴影/高光】命令，打开【阴影/高光】对话框，会发现图像阴影区域变亮，如图 5-11 所示。

图 5-10　原图

图 5-11　执行【阴影/高光】命令

【阴影/高光】校正能将曝光不足或曝光过度的照片进行修正。它与【亮度/对比度】不同，图像用了【亮度/对比度】后会损失细节，而【阴影/高光】功能在加亮阴影时损失的细节少，调整合适时还会提高阴影里的细节，在修正曝光过度时也同样。

　　勾选【阴影/高光】对话框上的【显示更多选项】按钮后，会显示出更多的调整选项，如图 5-12 所示。

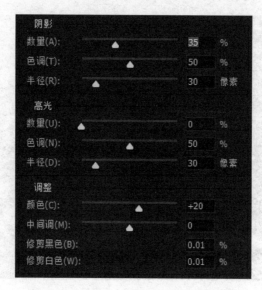

图 5-12　启用【显示其他选项】按钮

5. 曝光度

要使图像局部变亮，可以使用【曝光度】命令。其对话框如图 5-13 所示。

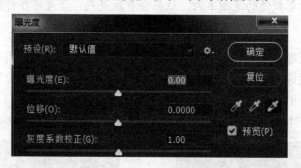

图 5-13　【曝光度】对话框

对话框中各选项功能如下。

- 【曝光度】：用于调节色调范围的高光端，对极限阴影的影响很轻微。移动曝光度滑块时，在一定范围内，对最暗区域的图像没有影响，只有超过这个范围，特别是当数值为正数时，才会受其影响。
- 【位移】：使阴影和中间调变暗，对高光的影响很轻微，默认情况下该选项的数值为 0。当位移滑块向左移动时，除了高光区域外，其他图像逐渐变黑，向右移动滑块时，图像像蒙上一层白纱。
- 【灰度系数校正】：使用简单的乘方函数调整图像灰度系数。在位移参数保持不变的情况下，该参数可以更改高亮区域的图像颜色。

● 【吸管工具】：该对话框中的吸管工具与调整色阶命令中的吸管工具功能类似，在此不赘述。

6. 匹配颜色

【匹配颜色】命令通过匹配一幅图像与另外一幅图像的色彩模式，使图像之间达到色调一致。也可以进行不同图层之间或者多个颜色选区之间的色调匹配，还允许通过更改亮度和色彩范围，以及中和色痕来调整图像中的颜色。下面利用【匹配颜色】命令来匹配两幅图像的颜色。

（1）打开如图 5-14 所示的两幅图像，其中图 5-14（a）为要更改颜色的图像，图 5-14（b）为用来进行颜色匹配的图像。

（a）　　　　　　　　　　　　　　　　　（b）

图 5-14　待处理的图像

（2）执行【图像】|【调整】|【匹配颜色】命令，打开【匹配颜色】对话框，如图 5-15所示。

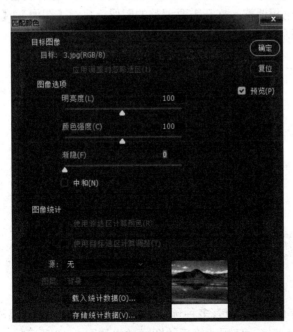

图 5-15　【匹配颜色】对话框

主要参数含义如下。

- 【明亮度】：用于增加或减少目标图像的亮度，最大值为 200，最小值为 1。
- 【颜色强度】：用于调整目标图像的色彩饱和度，最大值为 200，最小值为 1（灰度图像）。
- 【渐隐】：用于控制应用于图像的调整量。
- 【中和】：启用该选项可以移去目标图像中的色痕，选择源图像文件后，目标图像颜色与源图像颜色相互中和。

（3）在【源】下拉列表中选择 5-14（b）所示的图像，单击【确定】，目标图像更改为源图像中的色调，效果如图 5-16 所示。

图 5-16　效果

7. 照片滤镜

【照片滤镜】命令通过模拟相机镜头前滤镜的效果来进行色彩调整，还允许选择预设的颜色，以便向图像应用色相调整。打开需要调整的图像，执行【图像】|【调整】|【照片滤镜】，打开【照片滤镜】对话框，如图 5-17 所示。

图 5-17　【照片滤镜】对话框

- 【滤镜】：在其下拉列表中有多种预设的滤镜颜色，包括"加温滤镜""冷却滤镜"及其他 14 种颜色滤镜。使用滤镜后的图像效果如图 5-18 所示。

　　　　（a）加温滤镜（85）　　　　　　　　　　　（b）冷却滤镜（LBB）

图 5-18　各种滤镜颜色效果

- ●【颜色】：选择【颜色】按钮，单击颜色预览框，可在打开的【选择滤镜颜色】对话框
  中自定义滤镜颜色。
- ●【浓度】：用于调整着色的强度，浓度越大，颜色调整的幅度就越大。
- ●【保留明度】：选中该复选框，可以保持图像原有的亮度。

　　技巧：在调整图像的色彩或色调时，可以执行【图像】|【调整】菜单中的调整命令，也可以通过单击【图层】面板上的创建新的填充或调整图层 📷，选择调整命令。

　　这两种方法实现的调整效果是相同的，但实现原理大不相同。通过菜单中的调整命令调整时，是直接对图像进行操作的，图像中的像素是直接被修改的。通过创建调整图层，调整是在调整层上进行的，不会破坏原图，后续需要修改调整参数时，直接在调整层上调整参数即可，比较方便。因此，在调整图像的色彩或色调时，建议通过创建调整图层来实现。

5.1.2　实施步骤

　　步骤 1：执行【文件】|【打开】命令，打开要处理的风景图，观察发现这张图比较明显的缺陷是暗部太暗，几乎看不出细节，而天空部分云彩也显得不丰富。

　　步骤 2：单击【图层】面板上的创建新的填充或调整图层 📷，选择【色阶】，打开【色阶】对话框，如图 5-19 所示。

图 5-19　原图的色阶

　　观察色阶直方图，发现图像的黑场和白场的曲线都很丰富，尤其暗部已经溢出表外而中间灰场几乎没有，说明这张图缺乏中间的过渡色。

　　步骤 3：将色阶图的中间小三角向暗部移动，将【输入色阶】调整为 "0，1.72，255"，可以看到暗部开始变亮了，但底部还有些过暗，参数设置及效果如图 5-20 所示。

图 5-20　调整图像的色阶

　　步骤 4：单击工具箱中以快速蒙版模式编辑按钮▦，再在工具箱上单击渐变工具▰，将渐变色设置为黑-白线性渐变，如图 5-21 所示。

图 5-21　快速蒙版模式编辑

　　步骤 5：从图片的底部也就是最暗处，将十字形的光标向上拉，不要拉出暗部以外，如图 5-22 所示。

图 5-22 快速蒙版模式下填充渐变

步骤 6：再次单击以快速蒙版模式编辑按钮 <u>▣</u>，回到标准模式，这时在图片上生成一个选区，如图 5-23 所示。

图 5-23 生成选区

步骤 7：单击【图层】面板上的创建新的填充或调整图层 <u>◕</u>，选择【色阶】，打开【色阶】对话框，从色阶图上可以看出这个选区内的高光部分严重不足，将高光部的白色三角向左移动，将【输入色阶】调整为"0，1，175"，发现选区内图像变亮，如图 5-24 所示。

图 5-24 调整选区内图像的色阶

提示：使用快速蒙版调整，是一种比较实用的方法，它的好处是使亮度依渐变的方式逐渐变化，变化不显突兀，不影响到整体。

步骤 8：调整天空部分。选择魔棒工具 ，在天空处单击，选择相同色调的地方，选定一处，在右键菜单中选择【选取相似】，效果如图 5-25 所示。

图 5-25　生成天空选区

步骤 9：单击【图层】面板上的创建新的填充或调整图层 ，选择【色阶】，打开【调整】对话框，发现选区内暗部不足。将黑色三角向右移动，【输入色阶】调整为"138，1，249"，参数设置及效果如图 5-26 所示。

图 5-26　调整天空选区的色阶

步骤 10：按下 Shift+Ctrl+Alt+E 键，创建盖印图层，执行【滤镜】|【锐化】|【USM 锐化】命令，打开【USM 锐化】对话框，将【数量】设置为"44"，【半径】设置为"4.1"，【阈值】

设置为"3"，如图 5-27 所示，单击【确定】按钮，最终调整效果及【图层】面板中各图层如图 5-28 所示。

图 5-27　调整【USM 锐化】参数

图 5-28　【图层】面板及调整后效果

5.2　任务 2　图像色彩的调整

通过将图 5-29（a）所示的风景图与图 5-29（b）所示的乌云图合成并调整成图 5-29（c）所示的怀旧风格图像，让读者掌握图像色彩调整的思路，以及【色彩平衡】【色相/饱和度】【可选颜色】【曲线】等色彩调整命令的使用。

图 5-29　怀旧风格的图像

5.2.1　相关知识

1. 曲线

　　【曲线】命令可以对图像的色彩、亮度和对比度进行综合调整，与【色阶】命令不同的是，它可以在从暗调到高光这个色调范围内对多个不同的点进行调整。

　　打开一幅图像后，执行【图像】|【调整】|【曲线】命令或按下 Ctrl+M 键，打开【曲线】对话框，如图 5-30 所示。

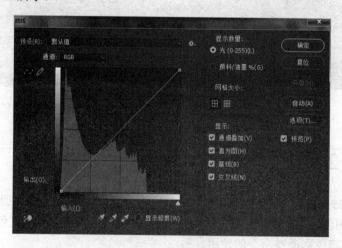

图 5-30　【曲线】对话框

按下 Alt 键在网格内单击，可在大小网格之间切换，网格大小对曲线功能没有丝毫影响，但较小的网格有助于更好地观察。

曲线图中横坐标表示原来的亮度，纵坐标表示调整后的亮度。在未做调整时，曲线是直线形的，而且是 45°的，曲线上任何一点的横坐标和纵坐标都相等，这意味着调整前的亮度和调整后的亮度一样，也就是没有调整。

【曲线】对话框还显示所调整的点的【输入】【输出】值，它们实际上就是横坐标和纵坐标。假设【输入】（即横坐标，调整前的亮度）是 "127"，【输出】（即纵坐标，调整后的亮度）是 "154"，意味着把亮度由 "127" 提高到 "154"。亮度的取值范围是 0～255，由于曲线的连续性，不仅这个点升高了，它左边的点（原来亮度为 0～127）和右边的点（原来亮度为 127～255）也升高了，这就是说整个画面的亮度都提高了。

【曲线】对话框中的滑块和吸管工具与【色阶】对话框中对应工具的作用相同，在此不赘述。

利用【曲线】命令调整图像的色调与色彩时，大多数情况下需要通过在曲线上添加控制点，以达到对图像的精细调节。在曲线上单击鼠标，就可以创建一个控制点，用鼠标拖到方框外面可以实现控制点的删除，曲线上一共可以有 16 个控制点。

在利用【曲线】命令调整图像时，根据目标效果的不同，在曲线上添加不同的控制点。总体来说，曲线调整 1、2、3、4 个点的用途为：一个点改变影调明暗，两个点控制图像反差，三个点提高暗部层次，四个点产生色调分离。下面利用曲线对图 5-31 所示图片进行调整。

图 5-31　原图

① 在曲线上创建一个控制点，然后将这个点向上移动，可以看到图像整体变亮了，效果如图 5-32 所示。将这个点向下移动，会看到图像整体变暗了，也就是说一个控制点的上下移动可以改变影调的明暗关系。

② 在曲线上创建两个控制点，然后将两个控制点都向中间压，形成 "S" 形，降低了图像影像的反差，效果如图 5-33 所示。

图 5-32　一个控制点

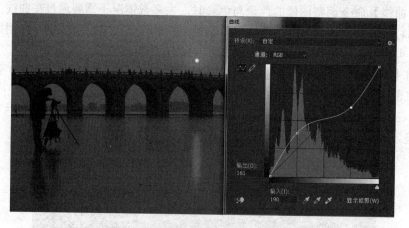

图 5-33　两个控制点

③ 在图像上创建三个控制点，调节成如图 5-34 所示的"M"形，会发现丰富了图像中暗部的层次，这种调节方法比较适合调节大面积暗调为主的图像。

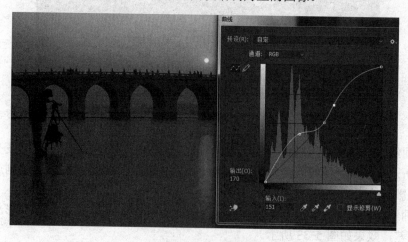

图 5-34　三个控制点

④ 在曲线上创建四个控制点，将这 4 个控制点交错拉开，调节成如图 5-35 所示的形状，可以使图像产生奇异的变化，这种色彩效果类似于摄影中彩色暗房的色调分离效果。

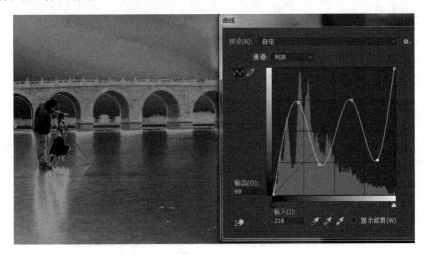

图 5-35　四个控制点

提示： 移动曲线上的控制点时，要上下垂直移动，不应该按住一个控制点随意斜向移动，因为斜向移动所对应的就不是这个控制点原来的灰阶关系了。

2. 色相/饱和度

色彩的三要素是：色相、饱和度和明度。在 Photoshop 中专门调整图像色彩三要素的命令有：【色相/饱和度】和【替换颜色】。

【色相/饱和度】命令可以调整图像的颜色，也可以用来给图像着色。执行【图像】|【调整】|【色相/饱和度】命令，打开【色相/饱和度】对话框，如图 5-36 所示。

图 5-36　【色相/饱和度】对话框

在对话框底部有两个颜色条，上面一条显示了调整前图像的颜色，下面一条则显示了如何以全饱和的状态影响图像所有的色相。对话框中各选项功能如下。

● 【颜色蒙版】：在编辑下拉列表中可选择调整的颜色范围，可以对全图进行颜色调整，也可以专门针对某一种特定颜色进行更改，而其他颜色不变。比如选择黄色，【色相/饱和度】对话框如图 5-37 所示。

图 5-37　选择黄色蒙版

色谱中出现调整滑块，并且出现四个色轮值（用度数表示）。在两个竖条之间的颜色都成为黄色，在调整【色相】【饱和度】【明度滑块】时，这个范围内的颜色全部改变。介于两个滑块之间、两个竖条之外的区域的颜色部分改变，改变的多少与离竖条的远近有关系，滑块以外的颜色不受影响。

● 【色相】：拖动滑块或在文本框中输入数值，可以更改颜色。比如对图 5-38（a）所示图像执行【色相/饱和度】命令，在编辑下拉列表中选择红色，拖动【色相】滑块，效果如图 5-38（b）所示。

（a）原图　　　　　　　　　　　　（b）效果

图 5-38　改变图像中红色像素

● 【饱和度】：数值越大，饱和度越高。取值范围是-100～100。
● 【明度】：数值越大，明度越高。
● 【着色】：启用该选项，可为灰度图像上色，或创建单色调图像效果。

图 5-38（a）所示图像在红色蒙版中调整色相后，再进入蓝色蒙版，调整色相和饱和度，最终效果如图 5-39 所示。

图 5-39　最终效果

3. 替换颜色

执行【图像】|【调整】|【替换颜色】命令，打开【替换颜色】对话框，如图 5-40 所示。

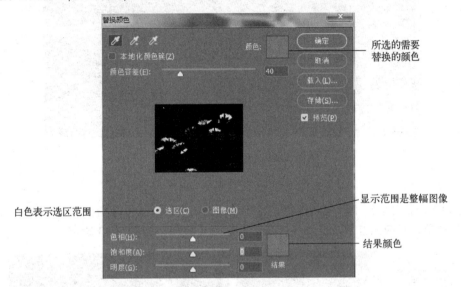

图 5-40　【替换颜色】对话框

对话框中有三个吸管工具，分别为吸管工具、添加到取样、从取样中减去。扩大或缩小颜色范围可使用添加到取样工具或从取样中减去工具。颜色容差与选区中的容差含义相同。

对图 5-41（a）所示图像使用【替换颜色】命令，图像效果如图 5-41（b）所示。

（a）原图

（b）效果图

图 5-41　替换颜色效果

4. 色彩平衡

该命令可进行一般性的色彩校正，可更改图像的整体颜色，但不能精确控制单个颜色成分。执行【图像】|【调整】|【色彩平衡】命令，打开【色彩平衡】对话框，如图 5-42 所示。

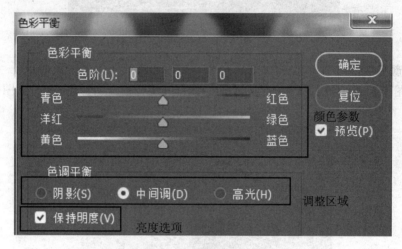

图 5-42 【色彩平衡】对话框

（1）颜色参数

【色彩平衡】对话框中青色与红色、洋红与绿色、黄色与蓝色分别相对应。也就是说在图像中增加青色，对应的红色就会减少，反之会出现反效果，如图 5-43 所示。

（a）增加青色   （b）增加红色

图 5-43   调整颜色参数

（2）调整区域

在对话框中，有三个色调区域，不同的色调中显示不同的颜色，所以在图像中不同的色调区域中添加同一种颜色，效果会有所不同。如图 5-44 所示为在不同色调区域中添加红色。

（3）亮度选项

启用【保持亮度】选项，可保持原图像中的亮度。

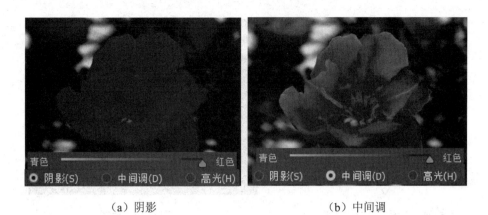

（a）阴影　　　　　　　　　　（b）中间调

图 5-44　在不同色调范围添加红色

5. 可选颜色

该命令是针对 CMYK 模式的图像进行颜色调整的，也可以在 RGB 模式的图像中使用它。执行【图像】|【调整】|【可选颜色】命令，打开【可选颜色】对话框，如图 5-45 所示。

图 5-45　【可选颜色】对话框

对话框中可以选择调整的颜色范围，在选择某种颜色进行调整的时候，它只会通过这四色对选中的颜色进行调整，而不会影响到其他颜色。

下面介绍利用【可选颜色】命令调整颜色时的调整思路。RGB 三原色及其对应色的关系如图 5-46 所示。对图 5-47 所示的图像选择颜色范围为红色，调整四个颜色参数。

图 5-46　三原色及对应关系　　　　　　　　图 5-47　原图

（1）调整青色

从 RGB 三原色及其对应色的关系可以看出，青色是红色的对应色，如果把滑块向左拖动减少青色，则红色会增加；向右拖动增加青色，则红色会减少。效果如图 5-48 所示。

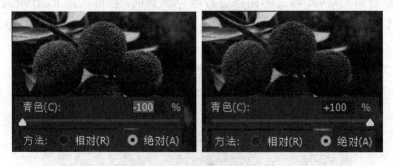

图 5-48　在红色范围内调整青色

（2）调整洋红

红色是由洋红和黄色混合产生，向左拖动减少洋红，会使红色部分越来越偏黄；向右拖动则增加洋红。效果如图 5-49 所示。

图 5-49　在红色范围内调整洋红

（3）调整黄色

向左拖动减少黄色，会使红色部分越来越偏洋红；向右拖动增加黄色。效果如图 5-50 所示。

图 5-50 在红色范围内调整黄色

（4）调整黑色

向左拖动则变亮，向右拖动则变暗。效果如图 5-51 所示。

图 5-51 在红色范围内调整黑色

6. 通道混合器

使用【通道混合器】命令可以改变某一通道中的颜色。打开图像后执行【图像】|【调整】|【通道混合器】命令，打开【通道混合器】对话框，如图 5-52 所示。

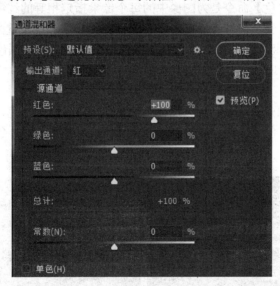

图 5-52 【通道混合器】对话框

● 【源通道】：通过该参数来调整颜色，选项中显示的颜色参数是由图像模式决定的。颜色通道是代表图像中颜色分量的色调值的灰度图像，使用通道混合器时，就是通过源通道向目标通道加减灰度数值。

- ●【常数】：改变常量值，可在输出通道中加入一个透明的通道。透明度可以通过滑块或数值调整，负值时为黑色通道，正值时为白色通道。
- ●【单色】：若启用该选项，则可对所有输出通道应用相同的设置，创建出灰阶的图像。

7. 渐变映射

该命令可以将相等的图像灰度范围映射到指定的渐变填充色。打开一幅图像后，执行【图像】|【调整】|【渐变映射】命令，打开【渐变映射】对话框，如图 5-53 所示。

图 5-53 【渐变映射】对话框

单击【灰度映射所用的渐变】选项下方的渐变条，可以打开渐变编辑器，用户可以编辑需要的渐变色。对话框包含【仿色】与【反向】两个渐变选项。【仿色】用于添加随机杂色以平滑渐变填充的外观并减少带宽效应，其效果不明显。【反向】用于切换渐变填充的方向。

8. 特殊颜色调整命令

（1）去色与黑白

【去色】命令是将彩色图像转换为灰度图像，但图像的颜色模式保持不变。对 RGB 模式的图像来说，执行【去色】命令是为图像中的每个像素指定相等的红色、绿色和蓝色值，而每个像素的明度值不改变。它与【色相/饱和度】命令中将饱和度设置为-100 时效果相同。

【黑白】命令可以将彩色图像转换为灰度图像，同时保持对各颜色的转换方式的完全控制，也可以通过对图像应用色调来为灰度着色。

（2）反相

该命令可以将图像中的色彩转换为反转色，例如，白色转为黑色，红色转为青色，蓝色转为黄色等。关于反转色，读者可参阅前面的介绍。执行【反相】命令前后的效果如图 5-54 所示。

（a）执行【反相】前　　　　　　　（b）执行【反相】后

图 5-54 反相

（3）阈值

该命令可以将灰度或彩色图像转换为高对比度的黑白图像，可以用来制作漫画或版刻画。执行【图像】|【调整】|【阈值】命令，打开【阈值】对话框，在对话框中可以设置阈值的大小，阈值取值范围为 1～255。图像中所有比阈值暗的像素转换为黑色，所有比阈值亮的像素转换为白色。不同阈值得到的图像如图 5-55 所示。

图 5-55　不同阈值的效果

（4）色调均化

该命令可以重新分布图像中像素的亮度值，将图像中最亮的部分提升为白色，最暗部分降低为黑色。执行【色调均化】命令后的效果如图 5-56 所示。

（a）原图　　　　　　　　　　　　　　（b）效果图

图 5-56　色调均化

在图像中创建选区后也可以执行此命令，这时候会弹出一个对话框。在对话框中，用户可以选择该命令的执行范围，若选择【仅色调均化所选区域】，则只有选区内的图像发生变化，若选择【基于所选区域色调均化整个图像】，将以选区内图像的最亮和最暗为基准使整幅图像色调平均化。分别启用这两个选项的效果如图 5-57 所示。

图 5-57　不同色调均化范围的效果

（5）色调分离

该命令可以指定图像中每个通道的色调级或者亮度值的数目，并将指定亮度的像素映射为最接近的匹配色调。它与【阈值】命令功能类似，【阈值】命令只使用两种色调，而【色调分离】命令的色调可以指定 2～255 之间的任何一个值。对同一幅图像设置不同色阶值时，【色调分离】效果如图 5-58 所示。

图 5-58　设置不同色阶时的效果

5.2.2　实施步骤

步骤 1：打开如图 5-29（a）所示的图片，单击【图层】面板上的创建新的填充或调整图层按钮，选择【曲线】，设置【输入】为"109"，【输出】为"99"，如图 5-59 所示。

图 5-59　调整曲线

步骤 2：单击【图层】面板上的创建新的填充或调整图层按钮，选择【色相/饱和度】，设置【色相】为"0"，【饱和度】为"-40"，【明度】为"0"，参数设置及效果如图 5-60 所示。

图 5-60　调整色相和饱和度

步骤 3：单击【图层】面板上的创建新的填充或调整图层按钮 ，选择【色彩平衡】，参数设置及效果如图 5-61 所示。

图 5-61　调整色彩平衡

步骤 4：单击【图层】面板上的创建新的填充或调整图层按钮 ，选择【可选颜色】，设置【颜色】为"中性色"，【黄色】为"-20"，其他保持默认不变，参数设置及效果如图 5-62 所示。

图 5-62　调整可选颜色

步骤 5：新建一个图层，并填充颜色 RGB（215，178，108），将图层的【混合模式】改为"叠加"，【不透明度】设为"60%"。效果如图 5-63 所示。

图 5-63　叠加图层

步骤 6：打开云彩图像，将其拖入此文件中，并调整云彩图像的大小，将图层 2 重命名为"云彩"。调整图像大小与背景图像大小一致，将图层的【混合模式】改为"柔光"。效果如图 5-64 所示。

图 5-64　建立云彩图层

步骤 7：单击【图层】面板下方的添加矢量蒙版按钮▣，选择画笔工具✐，设置合适的画笔大小，把云彩图层中天空以外的地方擦除掉，效果如图 5-65 所示。

图 5-65　擦除云彩图层中多余部分

步骤 8：单击【图层】面板上的创建新的填充或调整图层按钮◑，选择【可选颜色】，设置【黄色】为"-14"，【黑色】为"-5"，其他保持默认不变，效果如图 5-66 所示。

图 5-66　设置可选颜色

步骤 9：新建一层，并填充颜色 RGB（13，29，80），设置图层的【混合模式】为"排除"，并复制一层，设置【填充】为"52%"，效果如图 5-67 所示。

图 5-67　排除图层

步骤 10：单击【图层】面板上的创建新的填充或调整图层按钮，选择【曲线】，设置【输入】为"127"，【输出】为"155"，参数设置及图像调整效果如图 5-68 所示。

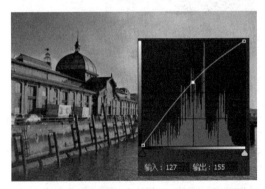

图 5-68　调整曲线

步骤 11：单击【图层】面板上的创建新的填充或调整图层按钮，选择【色彩平衡】，设置【填充】为"70%"，在【色彩平衡】对话框中，将三个滑块的值分别设置为"24""7""-64"，参数设置和图像调整效果如图 5-69 所示。

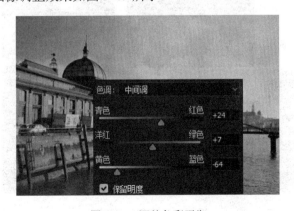

图 5-69　调整色彩平衡

步骤 12：单击【图层】面板上的创建新的填充或调整图层 ，选择【色阶】,【色阶】参数设置为 "29，1，227"，【填充】设置为 "58%"，图像调整效果如图 5-70 所示。

图 5-70　调整色阶

步骤 13：新建可选颜色调整图层，设置【青色】为 "16"，【洋红】为 "12"，【黄色】为 "-11"，【黑色】为 "5"，参数设置及效果如图 5-71 所示。

图 5-71　调整可选颜色

步骤 14：新建色彩平衡调整图层，对图像进行最后润色，最终效果及图层如图 5-72 所示。

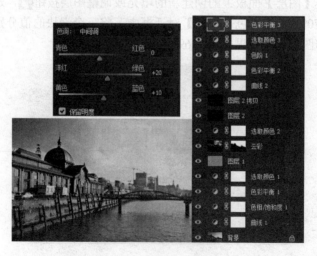

图 5-72　调整色彩平衡

小结

Photoshop 提供了非常齐全的色调和色彩调整功能，本章介绍了 Photoshop 中色调和色彩调整的思路及方法，通过两个实例的练习，让读者掌握常用的图像色彩校正的命令，能够对一般的偏色图像进行色彩校正及制作出一些特殊的艺术效果。

习题 5

1. CMYK 颜色模式是一种_____。

   A．屏幕显示模式　　　　B．光色显示模式　　　C．印刷模式　　　D．油墨模式

2. _____命令处理后的图像类似照片底片的效果，且不会损失图像色彩信息。

   A．色调分离　　　　　　B．反相　　　　　　　C．色调均化　　　D．阈值

3. _____命令不能够将彩色图像转换为黑白图像。

   A．黑白　　　　　　　　B．反相　　　　　　　C．去色　　　　　D．阈值

4.【曲线】命令的快捷键是_____。

   A．Ctrl+L　　　　　　　B．Shift+I　　　　　　C．Ctrl+M　　　　D．Shift+Ctrl+U

5.【替换颜色】命令实际上是综合了_____和【色相/饱和度】命令的功能。

   A．【亮度】　　　　　　B．【色阶】　　　　　　C．【对比度】　　　D．【色彩范围】

6. 色彩深度是指在一个图像中_____的数量。

   A．颜色　　　　　　　　B．饱和度　　　　　　C．亮度　　　　　D．灰度

7. 索引颜色模式的图像包含了_____种颜色。

   A．2　　　　　　　　　　B．256　　　　　　　　C．约 65000　　　D．1670 万

8. 利用【色阶】【色相/饱和度】【曲线】【可选颜色】【色彩平衡】等命令将图 5-73（a）所示的图像，进行色彩调整，调整效果如图 5-73（b）所示。

（a）原图　　　　　　　　　　　　　　　　　（b）效果图

图 5-73　图像色彩调整

第6章 路径的应用

本章要点：

- ☑ 钢笔工具的应用
- ☑ 形状工具的应用
- ☑ 路径组合功能的应用

6.1 任务1 钢笔工具的应用

钢笔工具的功能十分强大，它不仅可以用来抠图，还可以描绘出幻化多端的各种线条，设计出来的线条还可以应用到 3D Max 等软件中使用。通过绘制如图 6-1 所示的 QQ 表情，使读者掌握钢笔工具的基本应用，能够利用钢笔工具进行基本路径的绘制及编辑。

图 6-1　QQ 表情

6.1.1 相关知识

路径在 Photoshop 中是使用贝塞尔曲线所构成的一段闭合或者开放的曲线段，由线段和节点构成，每一个节点都有两个控制点，通过调节控制点来设计自己想要的线条。如图 6-2 所示。

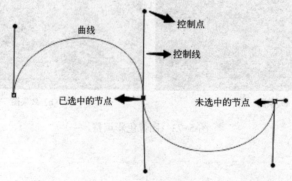

图 6-2　贝塞尔曲线

Photoshop 中提供了一组用于生成、编辑、设置路径的工具组，包括钢笔工具组和形状工具组。钢笔工具组是较常用的路径绘制工具，属于矢量绘图工具，其优点是可以勾画平滑的曲线，在缩放或者变形之后仍能保持平滑效果。

1. 钢笔工具

钢笔工具是抠图、制作超炫线条必不可少的一个工具。选择钢笔工具 ，在画布中每单击左键一次就创建了一个锚点，并且这个锚点与上一个锚点之间以直线连接。按住 Shift 键，可以让所绘制的点与上一个点保持 45 度整数倍夹角（比如 0 度、90 度）。

有三种工具模式可以选择：【形状】【路径】【像素】。选择【形状】模式，在画布中画路径，会自动填充前景色。选择【路径】模式，是简单的生成路径。【像素】模式只有在选择形状工具时才能使用。选择不同的工具模式，会切换到不同的工具选项栏。三种工具模式对应的工具选项栏如图 6-3 所示。

(a)【形状】工具模式工具选项栏

(b)【路径】工具模式工具选项栏

(c)【像素】工具模式工具选项栏

图 6-3 工具选项栏

选择【形状】模式后，在画布中开始绘制图形之前，可以设置图形的填充颜色、描边颜色、描边大小及描边选项，如图 6-4 所示。

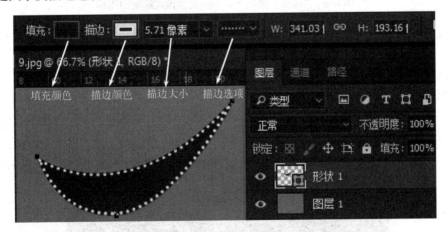

图 6-4 【形状】模式绘制图形

选择【路径】模式后，在画布中绘制完路径后，激活建立选项组，有三种建立选项【选区】【蒙版】【形状】。如果选择【选区】，则会弹出如图 6-5 所示的【建立选区】对话框。

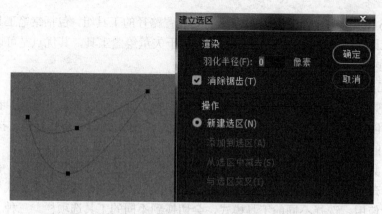

图 6-5 【建立选区】对话框

【像素】模式只有在选择形状工具时才能使用。在使用【像素】模式时，工具选项栏上可以设置形状工具的混合模式，如图 6-6 所示。

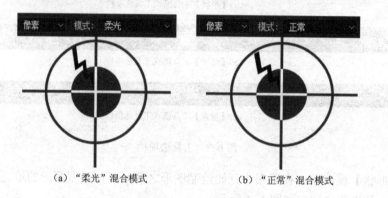

（a）"柔光"混合模式　　　　　　　　（b）"正常"混合模式

图 6-6　"像素"模式下，不同混合模式绘制的图形

- 接下 Alt 键，将钢笔工具![钢笔图标]移到锚点上，钢笔工具![钢笔图标]将会暂时变为转换点工具![转换点图标]。
- 按下 Ctrl 键，钢笔工具![钢笔图标]将暂时变成直接选择工具![直接选择图标]。

2. 自由钢笔工具

自由钢笔工具![自由钢笔图标]是以自由手绘的方式在图像中创建路径，当在画布中创建出第一个锚点以后，就可以任意拖动鼠标，以创建形状极不规则的路径。用法和钢笔工具![钢笔图标]的用法大致相同，但增加了一些选项，其工具选项栏如图 6-7 所示。

图 6-7　自由钢笔工具选项栏

工具栏中各选项含义如下。

- 【曲线拟合】：该选项用于控制路径的灵敏度，数字范围是 0.5～10，数字越小，形成路径的"锚点"越多，路径越符合物体的边缘；反之，数字越大，形成的路径就越简单，其上的"锚点"就越少。
- 【磁性的】：选择该选项后，自由钢笔工具 变为磁性钢笔工具，可以自动跟踪图像中物体的边缘。在选项区域可以设置磁性钢笔工具的有关参数。
- 【宽度】：定义磁性钢笔工具检索的范围。
- 【对比】：定义磁性钢笔工具对边缘的敏感程度，数字越高，能检索到的物体边缘与背景的对比度越大，数字越低，则可检索到与背景对比度较低的边缘，取值范围为1%～100%。
- 【频率】：控制磁性钢笔工具生产固定点的多少。

提示：如果当前图像中已经存在一条路径，那么钢笔工具 及自由钢笔工具 在移动到一个锚点上时，会暂时变成删除锚点工具 ，移动到一个路径段时，会暂时变成添加锚点工具 。在移动鼠标的过程中，按下 Delete 键可以删除锚点或曲线，按下 Enter 键或双击可以结束开放路径。

3. 添加锚点工具

它用于在已存在的路径上插入一个锚点，在路径段上单击左键，即可以往路径段上添加一个锚点，同时产生两个调节手柄，以用来调节路径段的弯曲度。如图 6-8 所示。

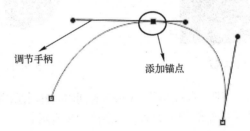

图 6-8　添加锚点

4. 删除锚点工具

用于删除路径上多余的锚点。只需在路径的锚点上单击鼠标左键就可以将这个锚点删除，而原有的路径自动保持连接。如果当前路径只有两个锚点，那么删除锚点工具自动失效。

5. 转换点工具

选择转换点工具 ，单击或拖点锚点可将其转换成拐点或平滑点，如图 6-9 所示。拖动锚点上的调节手柄可以改变路径段的弯曲度。

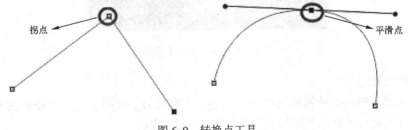

图 6-9　转换点工具

- 按住 Shift 键，拖动其中一个锚点的调节手柄，可以强制手柄以 45 度角或 45 度角的倍数进行改变。
- 按下 Alt 键，可以任意改变两个手柄中的一个，而不会影响另一个手柄。
- 按下 Alt 键，拖动路径段，可以复制路径。
- 按下 Ctrl 键，当鼠标经过锚点时，转换点工具 ▷ 将暂时切换成直接选择工具 ▷。

6.【路径】面板

路径作为平面图像处理中的一个要素非常重要，【路径】面板如图 6-10 所示。

在路径工具图标区中共有七个工具图标，从左至右它们分别是用前景色填充路径 ●、用画笔描边路径 ○、将路径作为选区载入 ░、从选区生成工作路径 ◉、添加图层蒙版 ◉、创建新路径 ▢ 和删除当前路径 🗑。

（1）用前景色填充路径

用于将当前的路径内部完全填充为前景。如果只选中了一条路径的局部或者选中了一条未闭合的路径，则将用前景色填充路径的首尾以直线段连接后所确定的闭合区域。如图 6-11 所示。

图 6-10 【路径】面板

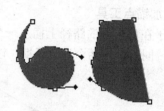

图 6-11 前景色填充

如果需要进行填充设置，则可以在按下 Alt 键的同时，单击用前景色填充路径 ●，打开【填充路径】面板，用于设置填充的相应属性，如图 6-12 所示。

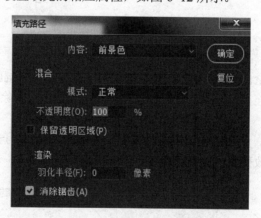

图 6-12 【填充路径】面板

（2）用画笔描边路径

使用前景色沿路径的外轮廓进行边界勾勒，主要是为了在图像中留下路径的外观，选择此按钮，需要提前设置好画笔的相关属性，如图 6-13 所示。

图 6-13　画笔描边路径

（3）将路径作为选区载入

将当前选中的路径转换成处理图像时用以定义处理范围的选择区域，如图 6-14 所示。

图 6-14　路径转化为选区

（4）从选区生成工作路径

在 Photoshop 中，不仅能将路径转换为选区，同时也可将选区转换为路径，如图 6-15 所示。

图 6-15　选区转换为路径

（5）添加图层蒙版

与【图层】面板中添加图层蒙版按钮功能类似。

（6）新建路径和删除当前路径

用于新建和删除当前路径。在按住 Alt 键的同时，单击创建新路径，弹出一个设置窗

图 6-16　路径的控制菜单

口，用于设置相应属性，为新的路径进行命名。在删除无用路径时，也可以直接使用点拖操作来完成删除路径层的工作。

提示：通过单击【路径】面板右上角的按钮▤，弹出路径的控制菜单，如图 6-16 所示，与上述工具图标的功能基本完全相似，也可以选中工作路径后单击右键弹出快捷菜单。

6.1.2　实施步骤

步骤 1：执行【文件】|【新建】命令或按下 Ctrl+N 键，打开【新建】对话框，设置【名称】为"绘制 QQ 表情"，【大小】为 500 像素×500 像素，【分辨率】为"72"，【颜色模式】为"RGB 颜色"，背景为白色，如图 6-17 所示。

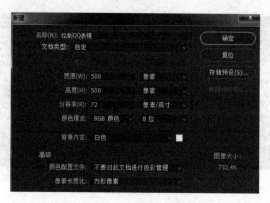

图 6-17　新建文件

步骤 2：新建图层，重命名为"头"。选择椭圆选框工具▣，按下 Shift 键，在画布中绘制正圆。选择渐变工具▣，打开渐变编辑器，如图 6-18 所示编辑渐变。在选区内由下至上拉线性渐变。

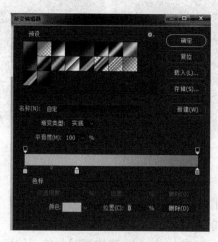

图 6-18　编辑渐变

步骤 3：执行【编辑】|【描边】命令，用颜色#B59605 居外描边 2 像素，如图 6-19 所示。

图 6-19　描边

步骤 4：新建图层，重命名为"额头"。选择椭圆选框工具，绘制正圆选区。前景色设为白色，选择渐变工具，编辑白色到透明的渐变，渐变类型设置为"线性渐变"，如图 6-20 所示。

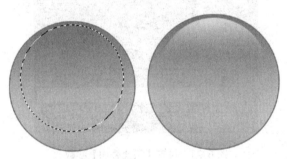

图 6-20　绘制额头高光

步骤 5：新建图层，重命名为"左眼睛"。选择钢笔工具，工具选项栏上将工具模式设置为"路径"，绘制眼睛路径。将前景色设置为白色，单击【路径】面板中的用前景色填充路径按钮。如图 6-21 所示。

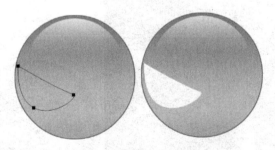

图 6-21　绘制左侧眼睛

步骤 6：双击"左眼睛"图层，添加图层样式，勾选"描边"，【大小】设置为"2"像素，【位置】设置为"外部"，【颜色】设置为"#B59605"，如图 6-22 所示。

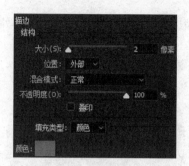

图 6-22　添加描边样式

步骤 7：勾选"渐变叠加"样式，【角度】设置为"45"度，渐变样式为"线性"，如图 6-23 所示。

图 6-23　设置【渐变叠加】参数

步骤 8：勾选"投影"样式，【距离】设置为"8"，【大小】设置为"5"，投影颜色设置为"#CCA441"，参数设置及效果如图 6-24 所示。

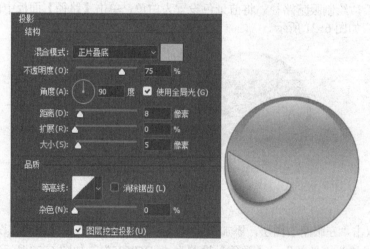

图 6-24　设置【投影】参数

步骤 9：新建图层，重命名为"左眼珠"。选择椭圆选框工具，画出眼珠，并填充黑色。双击"眼珠"图层，勾选"浮雕"样式。【深度】设置为"168"，【大小】设置为"7"，【高度】设置为"60"，参数设置及效果如图 6-25 所示。

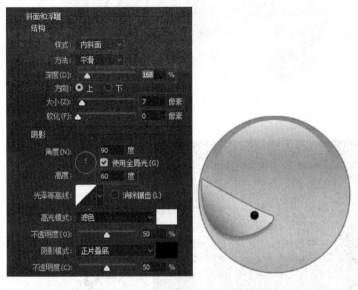

图 6-25　绘制左侧眼珠

步骤 10：隐藏除"左眼睛"图层和"左眼珠"图层之外的其他图层，按下 Shift+Ctrl+Alt+E 键，盖印"左眼睛"图层和"左眼珠"图层，生成图层 1，重命名为"右眼"。执行【编辑】|【变换】|【水平翻转】命令，用方向键移动到右侧合适位置，如图 6-26 所示。

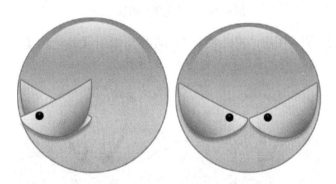

图 6-26　绘制右侧眼珠

步骤 11：新建图层，重命名为"左眉毛"。选择钢笔工具，工具选项栏上将工具模式设置为"路径"，绘制眉毛路径。将前景色设置为黑色，在【路径】面板中单击用前景色填充路径按钮，效果如图 6-27 所示。

步骤 12：双击"左眉毛"图层，添加图层样式，勾选"投影"，投影颜色设置为"#E5E5E5"，【不透明度】设置为"100"，【距离】设置为"5"，大小设置为"0"，参数设置及效果如图 6-28 所示。

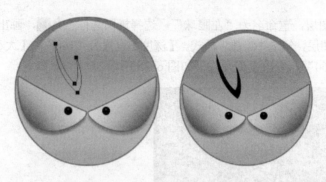

图 6-27　绘制眉毛

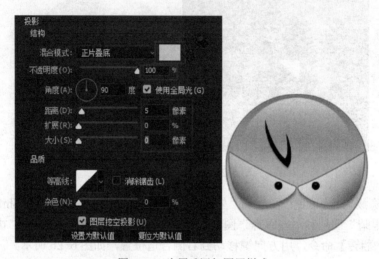

图 6-28　为眉毛添加图层样式

步骤 13：复制左眉毛图层，重命名为"右眉毛"。执行【编辑】|【变换】|【水平翻转】命令，用方向键移动到右侧合适位置，如图 6-29 所示。

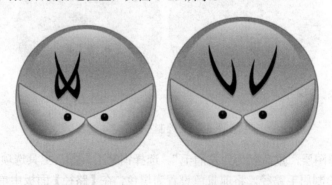

图 6-29　绘制右侧眉毛

步骤 14：新建图层，重命名为"眉中"。前景色设为黑色，选择圆角矩形工具，工具选项栏上设置工具模式为"像素"，绘制眉中线。复制"右眉毛"图层的图层样式，粘贴到"眉中"图层，效果如图 6-30 所示。

步骤 15：将"头"图层拖动到创建新图层按钮，生成头拷贝图层，重命名为"手"。

按下 Ctrl+T 键，将其缩小，并放到合适位置，如图 6-31 所示。

图 6-30　绘制眉中　　　　　　　　　　　　　图 6-31　绘制手

步骤 16：选中"头"图层，单击创建新图层按钮，新建一个图层，重命名为"刀"。选择钢笔工具，工具选项栏上将工具模式设置为"路径"，绘制刀的路径。将前景色设置为黑色，在【路径】面板中单击用前景色填充路径按钮，如图 6-32 所示。

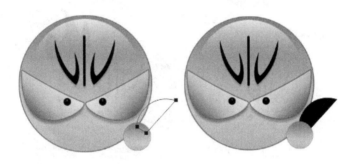

图 6-32　绘制刀

步骤 17：双击"刀"图层，添加图层样式，勾选"描边"和"渐变叠加"，参数设置如图 6-33 所示。"描边"参数设置同"眼睛"图层的描边参数。

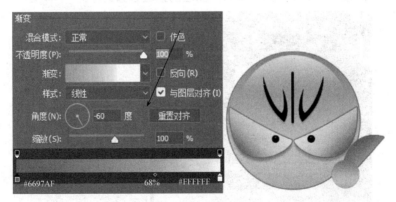

图 6-33　为刀添加图层样式

步骤 18：新建一个图层，重命名为"血丝"。将前景色设置为红色，用 1 个像素的铅笔工具给眼睛绘制血丝，如图 6-34 所示。

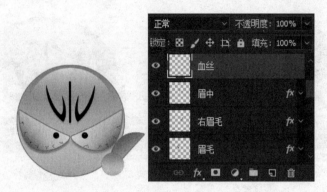

图 6-34　绘制血丝

步骤 19：新建一个图层，重命名为"火"。选择钢笔工具，工具选项栏上将工具模式设置为"路径"，绘制火的路径。将前景色设置为黑色，在【路径】面板中单击用前景色填充路径按钮，效果如图 6-35 所示。

图 6-35　绘制火

步骤 20：双击"火"图层，添加图层样式，勾选"描边"和"渐变叠加"，参数设置如图 6-36 所示。"描边"参数设置同"眼睛"图层的描边参数。

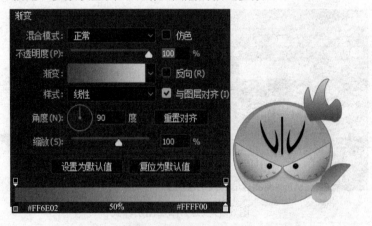

图 6-36　为火添加图层样式

步骤 21：新建一层，重命名为"嘴巴"。选择椭圆选框工具 ，绘制嘴巴，并填充黑色，如图 6-37 所示。

图 6-37　绘制嘴巴

6.2　任务 2　路径组合工具的应用

在绘制路径的过程中，经常需要通过路径操作来实现多条路径的组合。通过绘制如图 6-38 所示的卡通导航条，使读者掌握形状工具组的应用，熟练掌握路径的组合应用，充分掌握几种修改路径的方式方法。

图 6-38　卡通导航条

6.2.1　相关知识

1. 路径选择工具

路径选择工具包括路径选择工具 和直接选择工具 。

（1）路径选择工具

路径选择工具 可以对路径进行移动、组合、对齐、分布和变形。选择路径选择工具 ，单击要选择的路径，就可以将该路径选中。按下 Shift 键，点选路径，可以选中多个路径。或者按下鼠标左键，在图像上拖出一个矩形虚框，也可以将这个矩形框内的路径全部选中。

① 移动路径。

移动路径的操作和移动选区非常相似，单击路径选择工具 ，然后拖动选中的路径就可以移动路径。或者执行【编辑】|【自由变换路径】命令，再移动路径。

② 组合路径。

在绘制路径时，有时候需要对多条路径进行组合。单击工具选项栏上的路径操作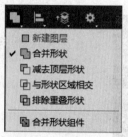，打开路径操作选项面板，如图 6-39 所示。

修改路径的方式和修改选区的方式很相似，有以下四种。

● 合并形状：原有路径与新路径相加，形成最终路径。

● 减去顶层形状：原有路径减去与新路径相交的部分，形成最终路径。

● 与形状区域相交：原有路径和新路径相交的部分为最终路径。

● 排除重叠形状：原有路径和新路径相并的部分减去原有路径和新路径相交的部分，成为最终路径。

图 6-39　路径操作

对多条路径进行组合的操作方法如下。

● 选择路径绘制工具，绘制第一条路径，如图 6-40（a）所示。

● 选择路径绘制工具，在工具选项栏上设置某种路径操作方式：合并形状、减去顶层形状、与形状区域相交、排除重叠形状，绘制第二条路径，如图 6-40（b）所示。

● 选择需要组合的路径，执行【合并形状组件】命令，结果如图 6-40（c）所示。

（a）绘制第一条路径　　　　　（b）绘制第二条路径　　　　　（c）组合路径

图6-40　组合路径

③ 对齐与分布路径。

选中两个或两个以上路径后，单击工具选项栏中的路径对齐方式，如图 6-41 所示。可实现路径的左边对齐▐、水平居中对齐▜、右边对齐▟、顶边对齐▛、垂直居中对齐▛和底边对齐▙。与对齐路径的方法相似，选中 3 条或 3 条以上的路径，然后单击选项栏中的路径分布方式即可，可以实现按宽度均匀分布▛和按高度均匀分布▜。

（2）直接选择工具

用来调整路径中的锚点和线段，也可以调整方向线和方向点。选择直接选择工具，单击路径上要调整的锚点，即可用鼠标对锚点位置和方向进行调整。

2. 形状工具组

形状工具组是特殊的路径绘制工具组，利用形状工具组可以绘制简单的几何对象，如矩形、椭圆形、多边形等，还可以自定义形状对象并保存下来，这增强了形状对象的弹性操作能力。

形状工具组如图 6-42 所示，包括：矩形工具█、圆角矩形工具█、椭圆工具█、多边形工具█、直线工具█和自定形状工具█。

（1）矩形工具█、圆角矩形工具█和椭圆工具█

这三种工具的使用方法基本相同，单击工具箱中对应的形状工具，在图像上进行拖拉即可。其工具选项栏如图 6-43 所示。

图 6-41　路径对齐方式

图 6-42　形状工具

（a）矩形工具选项栏

（b）圆角矩形工具选项栏

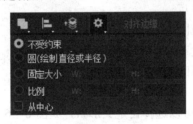

（c）椭圆工具选项栏

图 6-43　工具选项栏

- ●【不受约束】：该选项为默认选项，此时绘制图形的比例和尺寸均不受限制，即可以绘制任意形状的图形。
- ●【方形】/【圆】：绘制路径的形状为方形或圆形。
- ●【固定大小】：选择该选项时，在【W】和【H】选项中分别输入宽度和高度的尺寸，即可绘制出指定尺寸的矩形。
- ●【比例】：在【W】和【H】选项中输入宽度和高度的比例，可绘制宽度和高度比例固定的图形。
- ●【从中心】：程序默认从边界开始绘制图形，选择该项后，改为从中心开始绘制图形。
- ●【半径】：选择圆角矩形工具 时，选项栏上会出现【半径】选项，用来设置圆角矩形的圆角半径。

（2）多边形工具

选择多边形工具 后，工具选项栏如图 6-44 所示。

- 【边】: 在文本框中填入多边形的边数。
- 【半径】: 在【半径】栏中输入数值时,绘制的多边形为固定的半径,单位为像素。
- 【平滑拐角】: 选中该项时可对多边形的拐角进行平滑处理。
- 【星形】: 选择该项绘制星形多边形。
- 【缩进边依据】: 绘制星形多边形时边缩进的程度。
- 【平滑缩进】: 选择该项对缩进的拐角进行平滑处理。

(3) 直线工具

选中直线工具后,工具选项栏如图 6-45 所示。

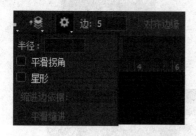

图 6-44 多边形工具选项栏

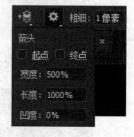

图 6-45 直线工具选项栏

- 【粗细】: 直线的宽度,单位为像素。
- 【起点】: 箭头出现在起点。
- 【终点】: 箭头出现在终点。
- 【宽度】: 箭头宽度,范围为 10%～1000%。
- 【长度】: 箭头长度。
- 【凹度】: 调整箭头自身凹凸程度,从-50%～50%。

(4) 自定形状工具

在【形状】下拉列表中,可以选择自定义形状,如图 6-46 所示。单击右上角的按钮,会弹出命令菜单,从中可以进行载入形状、存储形状、替换形状等操作。

图 6-46 自定形状工具选项栏

6.2.2 实施步骤

步骤 1: 执行【文件】|【新建】命令或按下 Ctrl+N 键,打开【新建】对话框,设置【名称】为 "绘制卡通导航条",大小为 800 像素×300 像素,【分辨率】为 "72",【颜色模式】为

"RGB 颜色"，背景色为灰色（#BFBFBF），如图 6-47 所示。

步骤 2：新建图层 1，重命名为"底纹"。选择圆角矩形工具 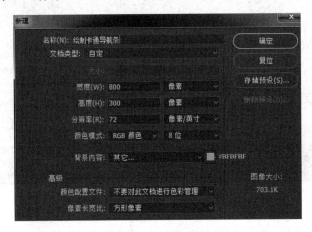，【工具模式】设置为"路径"，【半径】设置为"10 像素"，绘制一个圆角矩形，如图 6-48 所示。

图 6-47 新建文件

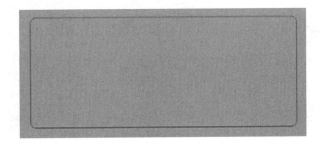

图 6-48 绘制矩形

步骤 3：选择自定形状工具 ，选择里面的花 6 形状，【路径操作】设置为"合并形状"，在圆角矩形左侧和右侧创建花形，如图 6-49 所示。

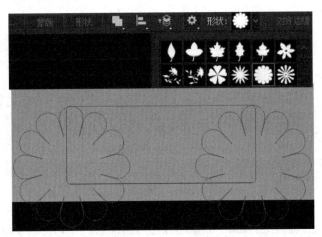

图 6-49 绘制花形

步骤 4：选择路径选择工具 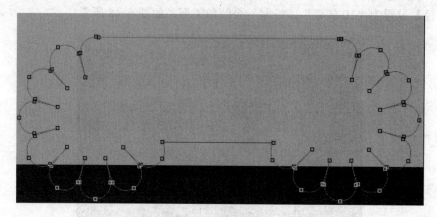，框选三个路径，单击工具选项栏上的路径操作中的"合并形状组件"，对路径进行组合，效果如图 6-50 所示。

图 6-50　组合路径

步骤 5：选择矩形工具 ▇，路径操作设置为"减去顶层形状"，在底部绘制矩形，框选所有路径，单击工具选项栏上的路径操作中的"合并形状组件"，效果如图 6-51 所示。

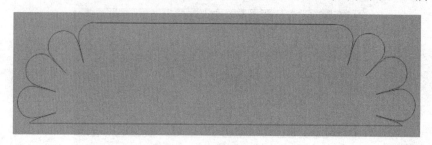

图 6-51　裁剪路径

步骤 6：前景色设置为#CBD000，单击【路径】面板中用前景色填充路径按钮 ▇，双击图层 1，添加图层样式，勾选"描边"，【大小】设置为"7"，【位置】为"外部"，颜色为"#FFFFFF"，参数设置及效果如图 6-52 所示。

图 6-52　填充及描边路径

步骤 7：选择删除锚点工具 ▇，删除路径左边的锚点，并完善这个路径形状。前景色设置为#DEFF00，单击【路径】面板中用前景色填充路径按钮 ▇，如图 6-53 所示。

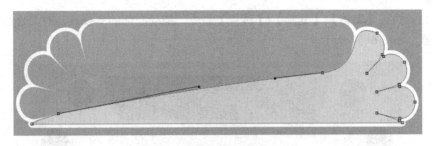

图 6-53　修改底部路径并填充

步骤 8：新建图层，重命名为"圆形装饰"。前景色设置为#0C4500，选择椭圆工具 ，【工具模式】设置为"像素"，绘制正圆，如图 6-54 所示。

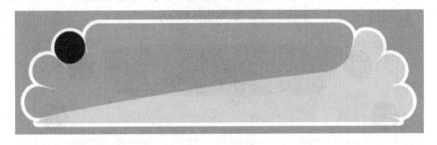

图 6-54　绘制圆形装饰

步骤 9：复制"圆形装饰"图层 5 次，调整其位置，按下 Ctrl+U 键，调整填充颜色，如图 6-55 所示。可以将复制出来的拷贝层，合并到"圆形装饰"图层。

图 6-55　复制圆形装饰

步骤 10：新建图层，重命名为"梯形装饰"。前景色设置为#0C4500，选择圆角矩形工具 ，【工具模式】设置为"像素"，【半径】设置为"10"，绘制圆角矩形，如图 6-56 所示。

图 6-56　绘制圆角矩形

步骤 11：执行【编辑】|【变换】|【透视】命令，拖动底部的变换点，对其进行变形，使其变成梯形，如图 6-57 所示。

图 6-57　变换圆角矩形

步骤 12：双击"梯形装饰"图层，勾选"描边"，【大小】设置为"5"，【位置】设置为"外部"，【颜色】设置为"#9F7B1B"，如图 6-58 所示。

图 6-58　对"梯形装饰"图层描边

步骤 13：打开卡通素材，利用魔棒工具、套索工具等，选取卡通动物，复制到文件中，并调整其大小和位置，如图 6-59 所示。

图 6-59　添加卡通动物

步骤 14：选择横排文字工具 **T**，在六个圆形装饰中输入要做导航的文字，文字颜色及字体自行定义，并添加"投影"图层样式，参数自行设置，效果如图 6-60 所示。

图 6-60　添加导航文字

步骤 15：选择横排文字工具 **T**，在梯形中输入站点名字，文字颜色及字体自行定义，并添加外发光图层样式，效果如图 6-61 所示。

图 6-61 添加站点文字

提示： 在制作过程中，生成了多个文字图层和卡通动物图层，可以创建图层组，将同类图层移动到一组中，以更好地组织和管理图层，如图 6-62 所示。

图 6-62 创建图层组

6.3 任务 3 制作时尚广告

在广告制作中，经常利用路径绘制工具绘制流畅灵动的线条。通过制作如图 6-63 所示的时尚广告，使读者了解自定义形状的安装及使用，熟练掌握钢笔工具的应用，能够熟练进行路径的绘制、编辑及填充。

图 6-63 时尚广告

6.3.1　相关知识

Photoshop 为用户提供了丰富的自定义形状供用户使用，分为 17 个类别。如果系统提供的形状不能满足用户的需要，用户可以自行定义所需的形状或利用第三方提供的自定义形状。用户自定义形状操作步骤如下。

利用钢笔工具绘制路径，如图 6-64 所示。

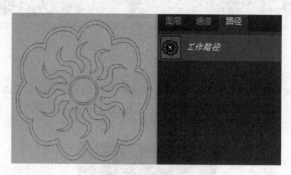

图 6-64　绘制形状

执行【编辑】|【定义自定形状】命令，弹出【形状名称】对话框，命名自定义形状，如图 6-65 所示。

图 6-65　形状命名

选择自定形状工具，在工具选项栏上单击打开自定形状拾色器，可以看到自定义的形状"sunflower"，如图 6-66 所示。

为了使形状永久的储存，以方便后续的应用，在自定形状拾色器中单击按钮，选择【存储形状】，如图 6-67 所示，将形状存储为"sunflower.csh"文件。

图 6-66　自定形状拾色器

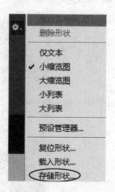

图 6-67　存储形状

用户除了可以自定义形状外，还可以利用第三方提供的形状，通过网络下载形状后，在自定形状拾色器中单击按钮💠，选择【载入形状】，选择需要载入的形状，单击【载入】按钮，载入成功后，即可使用形状。

6.3.2 实施步骤

步骤 1：执行【文件】|【新建】命令或按下 Ctrl+N 键，打开【新建】对话框，设置【名称】为"制作时尚广告"，大小为 44 厘米×30 厘米，【分辨率】为"72"，【颜色模式】为"RGB 颜色"，背景色为白色，如图 6-68 所示。

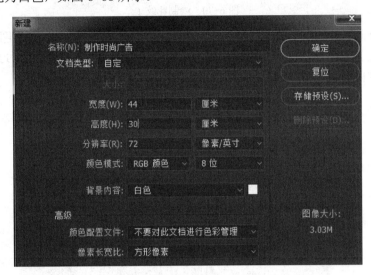

图 6-68 新建文档

步骤 2：选择渐变工具█，设置渐变类型为径向渐变█，打开渐变编辑器，编辑白色到灰色的渐变，从画布中间向右下角拖动。效果如图 6-69 所示。

图 6-69 填充径向渐变

步骤 3：新建图层，重命名为"花纹 1"。选择自定形状工具█，【工具模式】设置为"像素"，在自定形状拾色器中单击按钮💠，选择【载入形状】，选择需要载入的形状，单击【载入】按钮。设置前景色为白色，选择 danijeL 形状，在画布中绘制，如图 6-70 所示。

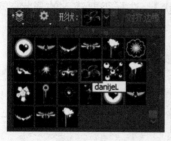

图 6-70　绘制花纹 1

步骤 4：复制"花纹 1"图层，重命名为"花纹 2"。适当变换"花纹 2"图层中花纹的大小及方向，双击图层，添加图层样式，勾选"渐变叠加"。【角度】设置为"-90"，添加四色渐变，如图 6-71 所示。

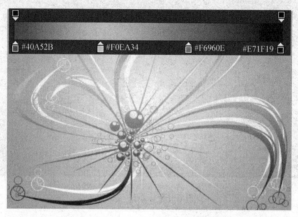

图 6-71　绘制花纹 2

步骤 5：新建图层，重命名为"绿条纹"。选择钢笔工具 ，打开【路径】面板上，单击创建新路径按钮 ，新建路径 1，工具选项栏上将【工具模式】设置为"路径"，绘制路径。将前景色设置为深绿色（# 40A52B），单击【路径】面板中的用前景色填充路径按钮 。效果如图 6-72 所示。

图 6-72　绘制绿条纹

步骤 6：同样的方法，新建"黄条纹"图层、"橘条纹"图层和"红条纹"图层。在【路径】面板上依次新建路径 2、路径 3 和路径 4。路径绘制完后，分别用黄色（#F0EA34）、橘色（＃F6960E）和红色（#E71F19）填充路径。效果如图 6-73 所示。

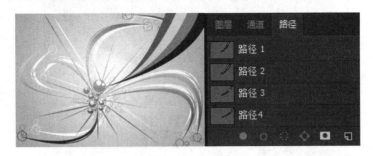

图 6-73　绘制其他条纹

步骤 7：隐藏背景图层，按下 Ctrl+Shift+Alt+E 键，盖印图层，生成图层 1，重命名为"左侧条纹"。执行【编辑】|【变换】|【旋转 180 度】命令，调整其位置，如图 6-74 所示。

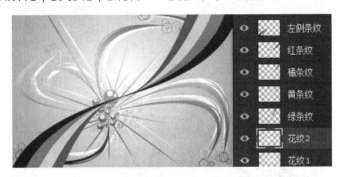

图 6-74　生成左侧条纹

步骤 8：打开"shoe.jpg"，选择魔棒工具，去掉背景，将图像复制到"制作时尚广告.psd"中，调整图像大小。按下 Ctrl+U 键，将【色相】设置为"-50"。效果如图 6-75 所示。

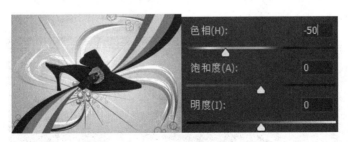

图 6-75　调整色相/饱和度

步骤 9：新建图层组，重命名为"装饰文字"。选择横排文字工具，输入装饰文字，大小颜色自定义。效果如图 6-76 所示。

步骤 10：按下 Alt 键，单击装饰文字前的眼睛图标，将除装饰文字组之外的其他图层隐藏，按下 Shift+Ctrl+Alt+E 键，盖印文字图层，生成图层 2，执行【编辑】|【变换】|【垂直翻

转】命令，并调整其位置，将图层不透明度设置为"20%"，如图 6-77 所示。

图 6-76　制作装饰文字

图 6-77　制作文字倒影

步骤 11：在装饰文字图层组内，还可以输入其他装饰文字，大小、颜色自定义。最终效果如图 6-78 所示。

图 6-78　制作其他装饰文字

小结

路径是 Photoshop 中的重要工具，主要用于进行光滑图像选择区域及辅助抠图，绘制光滑线条，定义画笔等工具的绘制轨迹，输入输出路径及和选择区域之间转换。本章主要讲解了路径的基本概念、钢笔工具的应用、路径组合工具的应用及自定义形状工具的应用等。

习题 6

1. 当将浮动的选区转换为路径时，所创建的路径状态是_____。
    A. 工作路径
    B. 开放的子路径
    C. 剪贴路径
    D. 填充的子路径

2. 一个开放的路径，如果两个端点距离较近，通过____可以将两个端点连接起来使之成为封闭的路径。
    A. 使用直接选择工具将一个端点拖到另一个端点上
    B. 使用直接选择工具选择一个端点，再选择钢笔工具，依次点击两个端点

3. 组成路径的元素有多种，除下列的_____外。
    A. 直线　　　　　B. 曲线　　　　　C. 锚点　　　　　D. 像素

4. 利用本章所学知识绘制如图 6-79 所示的大众汽车标志。

图 6-79　大众汽车标志

第7章 通道与蒙版

本章要点：

☑ 通道的基本操作

☑ 通道类型

☑ 蒙版类型

☑ 蒙版高级应用

7.1 任务1 通道的应用

通道的应用非常广泛，可以用通道来建立选区，进行选区的各种操作，也可把通道看作由原色组成的图像，因此可利用滤镜进行单种原色通道的变形、色彩调整、拷贝、粘贴等工作。通过将图 7-1（a）中的图像背景替换成如图 7-1（b）所示效果，使读者了解通道的基本概念，熟练掌握通道抠图的基本操作方法，能够利用通道完成复杂图像的抠取。

(a) 原图　　　　　　　　　　　　　　(b) 效果图

图 7-1　更换图像背景

7.1.1 相关知识

1. 通道的概念

通道这一概念在 Photoshop 中是非常独特的，它不像图层那样容易上手，其中的奥妙也要远远多于图层。它是基于色彩模式这一基础衍生出的简化操作工具。譬如说，一幅 RGB 三原色图有三个默认通道：Red（红）、Green（绿）、Blue（蓝）。但如果是一幅 CMYK

图像，就有了四个默认通道：Cyan（蓝绿）、Magenta（紫红）、Yellow（黄）、Black（黑）。由此看出，每一个通道其实就是一幅图像中的某一种基本颜色的单独通道。也就是说，通道是利用图像的色彩值进行图像的修改的，可以把通道看作摄像机的中的滤光镜，如图 7-2 所示。

通道可分为两种：第一种用来存储图像色彩资料，属于内建通道，即上面看到的各个通道。第二种可以用来固化选区和蒙版，进行与图像相同的编修工作，以完成与图像混合、创建新选区等操作，比如说蒙版中讲到的 Alpha 通道。

| （a）原图 | （b）红通道 | （c）绿通道 | （d）蓝通道 |

图 7-2　通道

2. 通道的分类

（1）复合通道

复合通道不包含任何信息，实际上它只是同时预览并编辑所有颜色通道的一个快捷方式。它通常被用来在单独编辑完一个或多个颜色通道后使通道面板返回到它的默认状态。对于不同模式的图像，其通道的数量是不一样的。在 Photoshop 中，通道涉及三个模式。对于一个 RGB 图像，有 RGB、R、G、B 四个通道；对于一个 CMYK 图像，有 CMYK、C、M、Y、K 五个通道；对于一个 Lab 模式的图像，有 Lab、L、a、b 四个通道。

（2）颜色通道（Color Channel）

在 Photoshop 中编辑图像时，实际上就是在编辑颜色通道。这些通道把图像分解成一个或多个色彩成分，图像的模式决定了颜色通道的数量，RGB 模式有 3 个颜色通道，CMYK 图像有 4 个颜色通道，灰度图只有一个颜色通道，它们包含了所有将被打印或显示的颜色。

（3）专色通道

专色通道是一种特殊的颜色通道，它可以使用除了青色、洋红（也称为品红）、黄色、黑色以外的颜色来绘制图像。因为专色通道一般用得较少且多与打印相关。

（4）Alpha 通道

Alpha 通道是计算机图形学中的术语，指的是特别的通道。有时它特指透明信息，但通常的意思是非彩色通道。这是真正需要了解的通道，可以说在 Photoshop 中制作出的各种特殊效果都离不开 Alpha 通道，它最基本的用处在于保存选取范围，并不会影响图像的显示和印刷效果。当图像输出到视频，Alpha 通道也可以用来决定显示区域。

（5）单色通道

这种通道的产生比较特别，也可以说是非正常的。如果在【通道】面板中随便删除其中一个通道，就会发现所有的通道都变成黑白的，原有的彩色通道即使不删除也变成灰度的了。

3. 通道的显示

通道中操作的内容显示在图层上有下面三种方法。

（1）通过载入选区来和图层结合

载入选区就是把自己建立的通道中制作的内容作为选区载入到图层中，载入选区的方式只能载入自己建立的通道，不能载入本身有的通道。

方法是：在通道中操作完成后，执行【选择】|【载入选区】命令，在打开的对话框中可以选择是以哪种方式载入。

（2）通过图像运算

【计算】命令可以混合两个来自一个或多个源图像的单个通道。然后可以将结果应用到新图像或新通道，或现用图像的选区。不能对复合通道应用【计算】命令。

（3）通过应用图像命令

【应用图像】命令可以将图像的图层和通道（源）与现用图像（目标）的图层和通道混合。

7.1.2　实施步骤

步骤 1：打开素材 1，需要做的是为树叶换背景，如图 7-3 所示。

图 7-3　打开图片

步骤 2：打开【通道】面板。观察此时的各通道，发现蓝色通道背景与待抠取的图像之间对比最明显，所以选择蓝色通道，如图 7-4 所示。

图 7-4　选择蓝通道

步骤 3：复制蓝通道为蓝拷贝通道，按下 Ctrl+M 键，打开【曲线】对话框。【输入】设置为"102"，【输出】设置为"169"，目的是进一步加深黑白的层次和对比度，如图 7-5 所示。

图 7-5 调整曲线

步骤 4：这时蓝拷贝通道中黑白对比已经比较明显，需要去掉其中的灰色。按 Ctrl+L 键，调出【色阶】面板，对黑场和白场进行设置，输入色阶设置为 "158，1，239"，如图 7-6 所示。

图 7-6 调整色阶

步骤 5：选择蓝拷贝通道，单击【通道】面板中的将通道作为选区载入按钮▦，如图 7-7 所示。

图 7-7 载入选区

步骤 6：选择 RGB 通道，回到背景图层，可以看到图像上，除了树的部分，其他已经被选中。双击背景图层，将背景层改为普通图层，按下 Delete 键，删除背景，如图 7-8 所示。

步骤 7：按下 Ctrl 键，单击创建新图层按钮▣，在图层 0 下方新建图层 1。设置前景色为橘色（#EBBF0F），按下 Alt+Delete 键，填充前景色，如图 7-9 所示。

图 7-8　删除背景

图 7-9　最终效果

7.2　任务 2　蒙版的应用

蒙版是浮在图层之上的一块挡板，它本身不包含图像数据，只是对图层的部分数据起遮挡作用，当对图层进行操作处理时，被遮挡的数据将不会受影响。

通过将图 7-10（a）与图 7-10（b）所示的两个素材合成图 7-10（c）所示的效果，使读者掌握蒙版的添加、编辑及删除，能够利用蒙版进行图像的合成，制作出唯美的艺术效果。

（a）素材 1

（b）素材 2

（c）合成效果

图 7-10　合成效果

7.2.1　相关知识

蒙版在 Photoshop 中的应用非常广泛，蒙版最大的特点就是可以反复修改，而不会影响图像本身的构造。如果对蒙版调整的图像不满意，可以去掉蒙版，图像又会重现。

蒙版可以控制图层或图层组中的不同区域如何隐藏和显示。通过更改蒙版，可以对图层应用各种特殊效果，而不会实际影响该图层上的像素。可以应用蒙版并使这些更改永久生效，或者删除蒙版而不应用更改。

1. 快速蒙版

快速蒙版是一次性的蒙版，可以对需要保护的图片起到保护的作用，也可以用来抠图。快速蒙版使用方法如下。

① 打开待编辑的图像，单击工具箱中以快速蒙版模式编辑按钮，如图 7-11 所示。

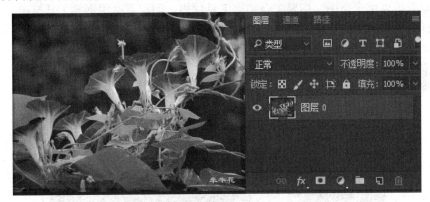

图 7-11　创建快速蒙版

② 前景色设为黑色，选择画笔工具，将需要遮挡的部分涂抹。如果要恢复误涂抹的图像，可以将前景色设为白色，涂抹需要恢复的图像部分。如图 7-12 所示。

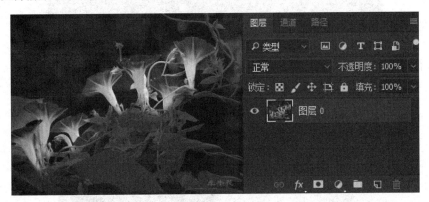

图 7-12　编辑蒙版

③ 切换到标准编辑模式（单击工具箱中以标准模式编辑按钮），生成除涂抹区域外的选区，如图 7-13 所示。

图 7-13　生成选区

2. 矢量蒙版

矢量蒙版可以用来抠图，需要配合钢笔工具使用，但跟直接用钢笔工具抠图有所不同。用钢笔工具抠图，原图会受损。而矢量蒙版应用于矢量图形，创建的图形是矢量图，可以保证原图不受损，并且可以随时用钢笔工具修改形状，并且形状无论怎么修改形状，都不会失真。矢量蒙版使用方法如下。

① 打开待编辑的图像，选择钢笔工具 ，绘制路径，如图 7-14 所示。

图 7-14　绘制路径

② 执行【图层】|【矢量蒙版】|【当前路径】命令，创建矢量蒙版，如图 7-15 所示。

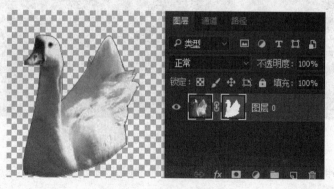

图 7-15　绘制矢量蒙版

3. 剪切蒙版

剪切蒙版是一个可以用蒙版形状遮盖其他图形的对象。因此，使用剪切蒙版只能看到蒙版形状内的区域。从效果上来说，就是将图形剪切为蒙版的形状。剪切蒙版使用方法如下。

① 打开图像 1，利用选区工具或钢笔工具绘制蒙版的形状区域，如图 7-16 所示。

图 7-16　绘制形状区域

② 新建图层 1，用任意颜色填充选区，按下 Ctrl+D 键，取消选区，如图 7-17 所示。

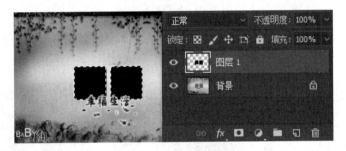

图 7-17　填充形状区域

③ 打开图像 2，将其复制到图像 1 中，调整其大小。执行【图层】|【创建剪贴蒙版】命令或按下 Ctrl+Alt+G 键，如图 7-18 所示。

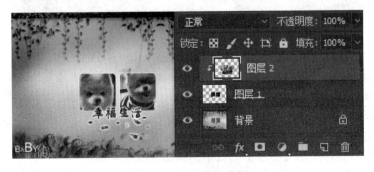

图 7-18　创建剪贴蒙版

提示：对图像应用剪贴蒙版后，对原图没有任何影响。应用剪贴蒙版后，用户可以通过移动图像的位置，来控制其显示在剪贴蒙版中的内容。

4. 图层蒙版

蒙版可以比喻成一层雾气盖在玻璃上，雾气很厚时，在窗外只能看见白茫茫的一片，相当于蒙版填充白色；但任意擦掉玻璃的一个位置，那个位置就能清晰地看见玻璃之外的地方，相当于蒙版填充黑色；如果擦不干净，看起来就会有点模糊，相当于不同灰度值的不同效果。

对图像某一特定区域运用颜色变化、滤镜和其他效果时，蒙版区域会受到保护，编辑时不会影响到。在对多幅图像进行无缝拼接时，常用到图层蒙版。图层蒙版的使用方法如下。

① 打开两幅需要合成的图，如图 7-19 所示。

图 7-19　创建剪贴蒙版

② 为了让两幅图更好的融合，选中图层 1，单击【图层】面板中添加图层蒙版按钮，如图 7-20 所示。

图 7-20　添加图层蒙版

③ 调整图层 1 中图像的大小及位置。选中图层蒙版，选择画笔工具，设置前景色为黑色，选择合适的笔刷，笔刷硬度设置略小，在需要遮盖的区域进行涂抹。将前景色设为白色，可以恢复误涂抹图像，如图 7-21 所示。

如果想停止使用图层蒙版，可以进行以下的操作之一。

① 按住 Shift 键，单击【图层】面板中的图层蒙版缩略图。

② 选择图层蒙版所在的图层，执行【图层】|【图层蒙版】|【停用】(【启用】)命令。

③ 选择图层蒙版所在的图层，右键，选择【停用图层蒙版】或【启用图层蒙版】选项。

停用图层蒙版时，【图层】面板中的蒙版缩略图上会出现一个红色的 X，并且会显示出不带蒙版效果的图层内容。

图 7-21　编辑图层蒙版

7.2.2　实施步骤

步骤 1：打开素材 1 和素材 2，把素材 2 复制到图层 1，调整图片大小，如图 7-22 所示。

图 7-22　打开待合成的图像

步骤 2：选择图层 1，单击【图层】面板中添加图层蒙版按钮，添加图层蒙版。选择画笔工具，设置前景色为黑色，在蒙版上涂抹，如图 7-23 所示。

图 7-23　编辑蒙版

步骤 3：单击【图层】面板中的创建新的填充或调整图层按钮，选择【曲线】，使图中的水部分加亮，然后在曲线的蒙版上用画笔工具做适当的涂抹，曲线调整的参数和效果如图 7-24 所示。

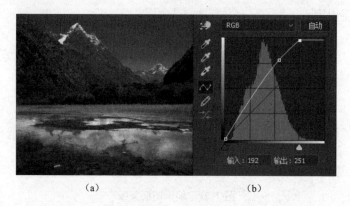

（a）   （b）

图 7-24　调整曲线

步骤 4：单击【图层】面板中的创建新的填充或调整图层按钮，选择【色相/饱和度】，将草地部分增加亮度，【色相】【饱和度】【明度】参数修改为"14，0，0"，然后用画笔工具在调整图层蒙版上做适当的修改，效果和调整参数如图 7-25 所示。

图 7-25　调整色相/饱和度

步骤 5：调整山和地面的颜色，单击【图层】面板中的创建新的填充或调整图层按钮，选择【色彩平衡】，将参数修改为"-58，+88，0"，其他采用默认设置，并用画笔工具在调整层蒙版上做修改，参数设置及效果如图 7-26 所示。

图 7-26　调整色彩平衡

步骤 6：单击【图层】面板中的创建新的填充或调整图层按钮，选择【色阶】，【输入色阶】设置为"45，1，199"，其他默认，将整体亮度提高，增加饱和度，参数及效果如图 7-27 所示。

图 7-27　调整色阶

步骤 7：按下 Shift+Ctrl+Alt+E 键，盖印可见图层，用较小的高斯模糊进行模糊，再进行色彩平衡调整，最终效果如图 7-28 所示。

图 7-28　合成效果

7.3　任务 3　综合应用

蒙版的一个重要用途是进行图像合成，而蒙版的编辑直接决定了在图像合成的质量。通过前面的学习，读者基本上掌握了蒙版的操作，本节利用蒙版对图 7-29（a）、图 7-29（b）和图 7-29（c）所示的三个素材进行图像合成，实现图像的无缝拼接。

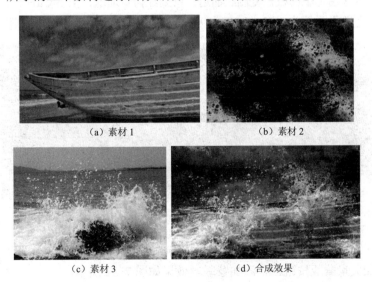

（a）素材 1　　　　　　　　（b）素材 2

（c）素材 3　　　　　　　　（d）合成效果

图 7-29　图像合成

7.3.1　相关知识

根据依附载体的不同，蒙版分为图层类蒙版、通道类蒙版及路径类蒙版三大类。蒙版的基本作用是遮挡。通道类蒙版本质上就是一幅灰度图，此类蒙版应用最为广泛，但各种应用都是基于蒙版中的灰阶信息实现的。通道是储存蒙版的容器。选区是一个空洞的、没有任何目标指向的区域或范围，是实现选择的一种手段。

从定性的角度讲，通道是储存蒙版的容器，蒙版又是保存选区的载体。从定量的角度讲，有如下两种等量关系：

- 蒙版的灰阶值与基色通道中的色阶值相等；
- $X/255=$选区选择度=像素不透明度（其中 X 为蒙版的灰阶值）。

7.3.2　实施步骤

步骤 1：打开素材 1，拖入素材 2，并调整图片大小（跟素材 1 图片宽度一致），如图 7-30 所示。

图 7-30　调整图片

步骤 2：进入【通道】面板，复制红通道，得到红拷贝通道，按下 Ctrl+L 键，打开【色阶】面板，将【输入色阶】设置为"52，1.28，199"，其他保持默认不变，效果如图 7-31 所示。

图 7-31　调整色阶

步骤 3：在【通道】面板中，单击将通道作为选区载入按钮 ，载入选区，回到【图层】面板，单击添加矢量蒙版按钮 ，添加蒙版，效果如图 7-32 所示。

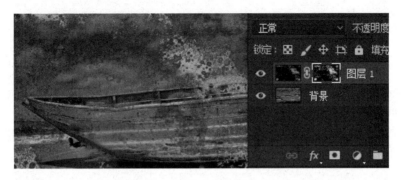

图 7-32 添加图层蒙版

步骤 4：拖入素材 3，大小调整成和素材 1 图片一样大，如图 7-33 所示。

图 7-33 拖入素材 3

步骤 5：进入【通道】面板，复制红通道，得到红拷贝 2 通道，按下 Ctrl+L 键，打开【色阶】面板，将【输入色阶】设置为"151，1，255"，其他保持默认不变，增加图片的黑白对比度，如图 7-34 所示。

图 7-34 调整色阶

步骤 6：在【通道】面板中，单击将通道作为选区载入按钮 ，载入选区，回到【图层】面板，单击添加矢量蒙版按钮 ，添加蒙版，效果如图 7-35 所示。

步骤 7：创建色彩平衡调整层，将【色调】设置为"阴影"，【色阶】设置为"-14，10，29"。将【色调】设置为"中间调"，【色阶】设置为"69，0，-17"。将【色调】设置为"高光"，【色阶】设置为"5，-6，-17"，如图 7-36 所示。

图 7-35　添加蒙版

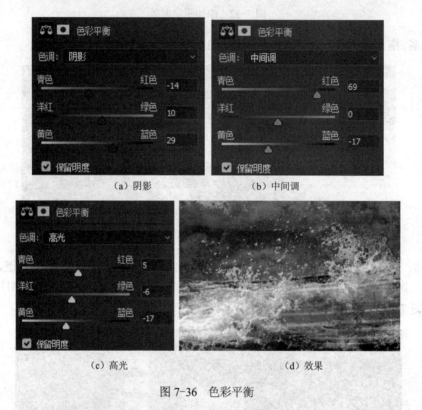

（a）阴影　　　　　　　　　（b）中间调

（c）高光　　　　　　　　　（d）效果

图 7-36　色彩平衡

步骤 8：按下 Shift + Ctrl +Alt+E 键，盖印图层，图层【混合模式】设置为"正片叠底"，添加图层蒙版，复原默认的前景色和背景色，在图层蒙版上作径向渐变，效果如图 7-37 所示。

图 7-37　添加蒙版

步骤 9：复制一层，创建色相/饱和度调整层，设置【色相】为"0"，【饱和度】为"24"，【明度】为"0"，提高整张图片的饱和度，如图 7-38 所示。

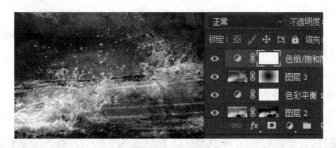

图 7-38　调整色相/饱和度

步骤 10：盖印图层，操作完成。最终效果如图 7-39 所示。

图 7-39　完成图

小结

Photoshop 中通道与蒙版是两个高级编辑功能，将通道和蒙版结合起来使用，可以大大的简化对相同选区的重复操作，利用蒙版可将各种形式建立的选区存起来，方便以后调用。利用通道，可以方便地使用滤镜，制造出无法使用选取工具和路径工具制作的各种特效图像。本章主要介绍了通道和蒙版的基本操作，通过三个任务，使读者掌握通道的基本操作、通道分类、蒙版分类及蒙版的高级应用。

习题 7

1. 当将 CMYK 模式的图像转换为多通道模式时，产生的通道名称是 ＿＿＿＿＿＿。

　　A. 用数字 1，2，3，4，表示四个通道

　　B. 四个通道名称都是 Alpha 通道

　　C. 四个通道名称为"黑色"的通道

D．青色、洋红、黄色和黑色

2．按住＿＿＿＿＿键在【通道】面板的 Alpha 通道上单击就可以将 Alpha 通道中存储的选区载入到当前图像中。

A．Alt　　　　　B．Ctrl　　　　　C．Shift　　　　　D．Return

3．Alpha 通道相当于＿＿＿＿位的灰度图。

4．Alpha 通道最主要的用途是＿＿＿＿＿＿＿＿＿＿。

5．蒙版的创建有哪几种方法？

6．利用蒙版将图 7-40（a）和图 7-40（b）所示的素材合成为图 7-40（c）所示的效果。

（a）　　　　　　　　　　　　　　　　　　　（b）

（c）

图 7-40　图像合成

第8章　文字的使用

本章要点：

- ☑ 文字的输入和编辑
- ☑ 路径文字
- ☑ 文字蒙版
- ☑ 文字特效

8.1　任务1　文字的输入和编辑

通过绘制如图 8-1 所示的水中倒影文字，使读者掌握文字的输入和编辑，了解文字工具的基本使用方法。

图 8-1　水中倒影文字效果

8.1.1　相关知识

Photoshop 中的文字工具不仅可以把文字添加到图像中，同时也可以产生各种特殊的文字效果。工具箱中有四种文字工具：横排文字工具**T**、直排文字工具**T**、直排文字蒙版工具**T**和横排文字蒙版工具**T**，如图 8-2 所示。按下 Shift+T 键，可将这些文字进行转换。

图 8-2　文字工具

文字的输入较简单，在工具箱中单击一种文字工具，然后在图像上单击，出现闪动的插入标，此时可直接输入文字，并生成一个按照输入的文字命名的文字图层，如图 8-3 所示。

图 8-3　文字图层

可以通过工具选项栏，进行相应的设置，文字工具选项栏如图 8-4 所示。

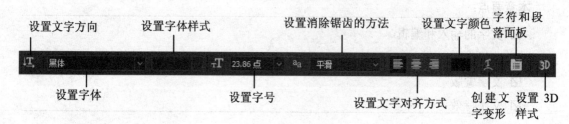

图 8-4　文字工具选项栏

1. 点文字和段落文字的输入

点文字：选择文字工具之后，在需要输入文字的地方单击，即可从单击的位置开始添加一个垂直或水平的文本行。点文字不能自动换行，可以单击 Enter 键使之进入下一行，点文字适合于输入少量文字的情况。

段落文字：如果希望输入大段的文字并且使用段落格式选项，必须以段落模式输入文本。通过在屏幕上单击和拖拉鼠标，可以形成一个文本区域，用来进行段落模式的输入。输入时，光标到每行右侧最后一个位置时自动换行。生成的段落文字框有 8 个控制点可以控制文字框的大小和旋转方向，文字框的中心点图标表示旋转的中心点，按下 Ctrl 键，可以用鼠标拖拉改变中心点的位置，从而改变旋转的中心点，如图 8-5 所示。

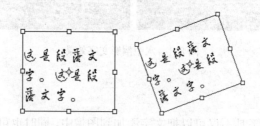

图 8-5　段落文字输入及变换

2. 设置【字符】面板

可以使用【字符】和【段落】面板对文本格式进行控制。在面板中改变设置时不必选定文本或文本工具。单击文字工具选项栏中的面板 或执行【窗口】|【字符】命令，打开【字符】面板，如图 8-6 所示。

【字符】面板的弹出式菜单为文本设定了更多的风格。可以在输入文本前或选定已输入的文本后选择全部大写字母，上标或者下划线等选项。下面就其中的一部分进行了解。

- ●【分数宽度】：可以对字符间的距离进行调整以产生最好的印刷排版效果。如果用于 Web 或多媒体，文字尺寸大小就要取消此选项，因为文字之间的距离会更小，不易阅读。

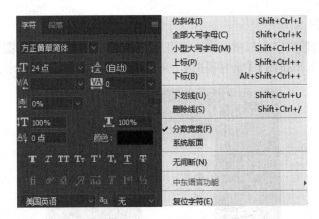

图 8-6 【字符】面板

- 【无间断】：可以使一行最后的单词不断开。例如希望 New York 不被断成两行。为了避免一个单词或一组单词断行，可以选定文字然后不断行。
- 【复位字符】：把【字符】面板的所有选项重新设置为默认值。

3. 设置【段落】面板

Photoshop 的【段落】面板可以对整段文字进行操作，可以通过单击文字工具选项栏上的面板或执行【窗口】|【段落】命令，打开【段落】面板，如图 8-7 所示。

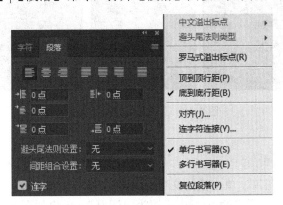

图 8-7 【段落】面板

选中段落文字，按下 Alt+↑或↓键，可以调整段落行间距。对段落文字进行段落调整后的效果如图 8-8 所示。

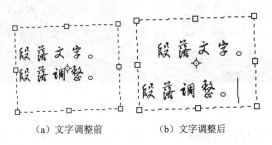

(a) 文字调整前　　　　(b) 文字调整后

图 8-8 文字调整

4. 创建文字变形

单击工具栏的创建文字变形按钮，打开【变形文字】对话框，如图 8-9 所示。可以设置文字的【弯曲】【水平扭曲】【垂直扭曲】，文字变形效果如图 8-10 所示。

图 8-9　文字变形

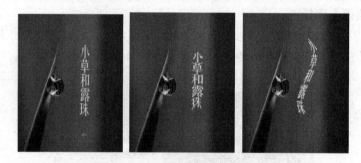

图 8-10　文字变形的几种效果

8.1.2　实施步骤

步骤 1：打开背景图片，单击横排文字工具，输入"BLUE"，文字大小设置为"120点"，颜色为白色，把消除锯齿的方法设置为"浑厚"。效果如图 8-11 所示。

图 8-11　输入文字

步骤 2：单击添加图层样式按钮，为文字层添加投影样式，投影颜色为黑色，【不透明度】设置为"75%"，【角度】为"120"，【距离】设置为"20"，【大小】为"5"，如图 8-12

所示。

步骤 3：选择背景图层，依次按下 Ctrl+A 键，Ctrl+C 键，复制背景图层。在【通道】面板上单击新建通道按钮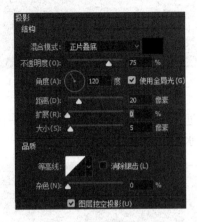，按下 Ctrl+V 键，粘贴背景。按下 Ctrl+D 键，取消选择，效果如图 8-13 所示。

图 8-12　添加阴影图层样式

图 8-13　创建 Alpha1 通道

步骤 4：选择 Alpha1 通道，执行【滤镜】|【高斯模糊】命令，【半径】设置为"2.0"，效果如图 8-14 所示。

图 8-14　执行高斯模糊

步骤 5：按下 Ctrl+L 键，打开【色阶】对话框，设置【输入色阶】为"73，1.00，192"，如图 8-15 所示。

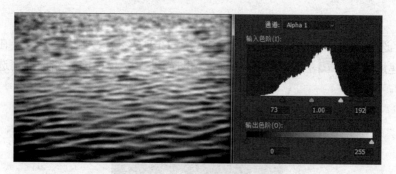

图 8-15　调整色阶

步骤 6：右键单击 Alpha1 通道，选择【复制通道】，如图 8-16 所示，生成一个只有 Alpha1 通道的文件，将文件保存为"水中倒影通道.psd"。

图 8-16　复制通道

步骤 7：选择文字层，执行【图层】|【图层样式】|【创建图层】命令，创建一投影图层，如图 8-17 所示。

图 8-17　创建图层

步骤 8：选择投影图层，执行【滤镜】|【扭曲】|【置换】命令，参数保持默认不变，单击【确定】，弹出【选择一个置换图】对话框，选择"水中倒影通道.psd"，效果如图 8-18 所示。

图 8-18　水中倒影效果图

8.2　任务2　路径文字

通过绘制如图 8-19 所示的绕地球文字，使读者掌握利用路径工具进行文字效果的制作，以及文字和路径之间的转换。

图 8-19　绕地球文字效果

8.2.1　相关知识

1. 路径文字

在 Photoshop 中可以制作路径文字，文字沿着用钢笔或形状工具创建的工作路径的边缘排列。当沿着路径输入文字时，文字将沿着锚点被添加到路径的方向排列。在路径上输入横排文字会导致字母与基线垂直。在路径上输入直排文字会导致文字方向与基线平行。当移动路径或更改其形状时，文字将会适应新的路径位置或形状。

开放路径上的横排/直排文字如图 8-20 所示，形状工具封闭路径上的横排/直排文字如图 8-21 所示。

图 8-20　开放路径上的横排/直排文字

图 8-21　形状工具封闭路径上的横排/直排文字

2. 在路径上建立文字

选择钢笔工具 或者是形状工具组 建立的工作路径，可以直接输入文字，让文字沿着路径的边缘排列。沿着路径输入文字时，文字会沿着锚点加入路径的方向排列。

选择横排文字工具 **T**，当文字工具在路径上呈现 时，单击左键，路径上便会出现插入点，可以进行文字输入。依据停留位置的不同，鼠标的光标会有不同的变化。当停留在路径线条之上时显示为 ，当停留在图形之内时将显示为 。这两者的区别是：前者表示沿着路径走向排列文字，后者则表示在封闭区域内排版文字，如图 8-22 和图 8-23 所示。

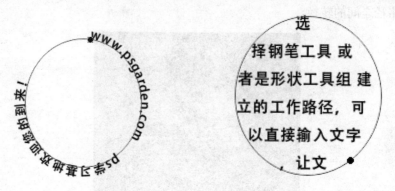

图 8-22　沿着路径输入文字　　　　　　　图 8-23　在路径内部输入文字

直排文字工具制作路径文字的方法与横排文字工具类似，不再赘述。

3. 在路径上移动文字

对于已经完成的路径文字，还可以更改其位于路径上的位置。方法是：单击路径选择工具 ，将其移动到如图 8-24 所示的小圆圈标记左右，根据位置不同就会出现 光标和 光标，它们分别表示文字的起点和终点，因此称之为起点光标 和终点光标 。文字移动后效果如图 8-25 所示。

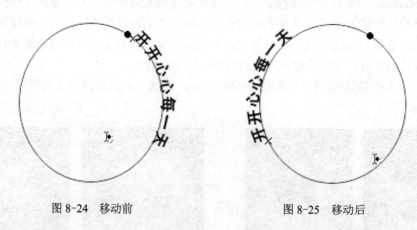

图 8-24　移动前　　　　　　　　　　　图 8-25　移动后

注意：如果两者之间的距离不足以完全显示文字，终点标记将变为 ，表示有部分文字未显示；如果将起点或终点标记向路径的另外一侧拖动，将改变文字的显示位置，同时起点与终点将对换。

4. 将文字翻转到路径的另一侧

单击直接选择工具 或路径选择工具 ，将其放在文字上，其变成 ，单击左键并拖移文字越过路径，便完成文字的翻转，如图 8-26 和图 8-27 所示。

图 8-26　翻转前

图 8-27　翻转后

5. 文字和路径一起移动

选择路径选择工具或者移动工具，然后单击左键并将路径移动到新的位置，如图 8-28 所示。

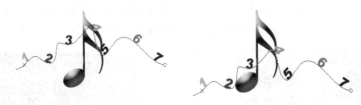
图 8-28　移动路径

注意： 如果使用路径选择工具，要求其变为 ，否则只能移动文字。

6. 文字和路径一起变形

选择直接选择工具，单击锚点，移动控制点实现变形。也可以执行【编辑】|【自由变换路径】命令，实现文字和路径一起变形，如图 8-29 和图 8-30 所示。

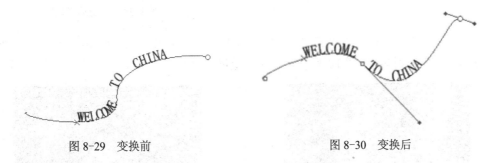

图 8-29　变换前　　　　　　　　　　　　图 8-30　变换后

8.2.2　实施步骤

步骤 1：打开背景图片，选择椭圆工具，将【工具模式】设置为"路径"。按下 Shift 键，绘制正圆路径，如图 8-31 所示。

步骤 2：选择横排文字工具，在路径上输入文字，字体设置为"Times New Roman"，字号设置为"30 点"，把字体 设置为"浑厚"，文字颜色设置为"FAF212"。效果如图 8-32 所示。

图 8-31　绘制圆形路径

图 8-32　输入文字

步骤 3：按下 Ctrl+T 键，自由变换路径，或者执行【编辑】|【自由变换路径】命令，按下 Ctrl+Alt 键，鼠标拖动左上角的定位点进行透视变换。效果如图 8-33 所示。

步骤 4：按下 Ctrl+R 键，调出标尺，拖出辅助线（辅助线紧靠地球的边缘）。选择椭圆选框工具 ，按住 Shift 键，自辅助线交叉点处绘制地球的圆形选区，如图 8-34 所示。

图 8-33　自由变换路径

图 8-34　绘制圆形选区

步骤 5：选中文字图层，单击添加蒙版按钮 ，按下 Ctrl+I 键，反相，如图 8-35 所示。

步骤 6：选择画笔工具 ，用白色在图层蒙版上涂抹需要显示的文字，如图 8-36 所示。

图 8-35　添加图层蒙版

图 8-36　涂抹需要显示的文字

步骤 7：执行【视图】|【清除参考线】命令，为文字图层添加【渐变叠加】图层样式，根据喜好编辑渐变色，如图 8-37 所示。

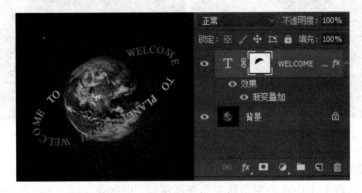

图 8-37 设置渐变叠加

8.3 任务 3 岩石文字的制作

通过绘制如图 8-38 所示的岩石文字，使读者掌握文字蒙版工具的使用方法，以及为文字添加效果的相关方法。

图 8-38 岩石文字

8.3.1 相关知识

1. 文字蒙版

选择直排/横排文字蒙版工具，在画布上单击，图层中将产生一个红色透明的区域，在这个区域中可以通过输入文字，来创建文字蒙版，如图 8-39 所示。

当蒙版显示在屏幕上时，可以对其进行填充，也可以利用【变形工具】进行缩放或变形。用蒙版生成文字之后，可以把它拷贝、粘贴到另一文件中或拷贝到另一层中。如果撤销对文字的选区，它就会和当前工作层合并，所以一般要先新建一个图层后再执行此命令。

图 8-39　创建文字蒙版

2. 栅格化文字

文字栅格化是将文本格式的图层转变为普通图层，也就是位图文件。在 Photoshop 中很多滤镜功能都是针对位图进行的。可以对任何的图层添加滤镜效果，但不能对文字层加滤镜效果。在文字图层上单击右键，选择【栅格化文字】，可以实现对文字图层的栅格化操作。

当文字图层转换为普通图层，将会不具有文字的一些性质，所以在进行文字栅格化之前，需将文字调整好。

3. 文字效果

Photoshop 中文字不论是文本格式还是位图文件，都可以单击【图层】面板中的添加图层样式 fx 来改变文字的单一模式，可以添加投影、浮雕、描边等效果。

8.3.2　实施步骤

步骤 1：打开素材 1，选择横排文字蒙版工具 ，设置字体为"微软雅黑"， 为"200点"，输入如图 8-40 所示的文字。

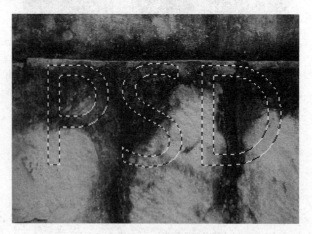

图 8-40　输入文字

步骤 2：打开素材 2，按下 Ctrl+A 键，全选，然后按下 Ctrl+C 键，复制，返回素材 1，使用贴入命令（按下 Shift+Ctrl+Alt+V 键），将素材 2 复制到之前建立的文字蒙版中，调整素材位置，如图 8-41 所示。

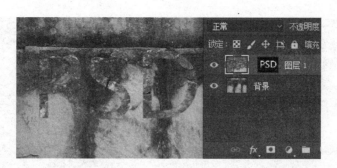

图 8-41　复制素材到文字蒙版中

步骤 3：双击图层 1，添加图层样式，勾选【投影】，设置【不透明度】为"60"，【角度】为"94"，【距离】为"7"，【大小】为"3"，其他保持默认不变，如图 8-42 所示。

图 8-42　设置投影样式

步骤 4：勾选【斜面和浮雕】，设置【方法】为"雕刻清晰"，【深度】为"100%"，【大小】为"5"，【角度】为"94"，【高度】为"21"，高光及阴影【不透明度】为"75"。效果如图 8-43 所示。

图 8-43　设置斜面和浮雕样式

步骤 5：打开素材 3，复制并粘贴到画布顶层，将图层混合模式设为"叠加"，调整素材 3 的大小及位置，效果如图 8-44 所示。

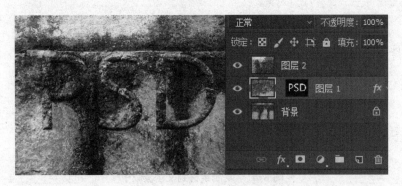

图 8-44　效果图

小结

　　Photoshop 中可以使用文字工具，把文字添加到图像中。掌握这一工具不仅可以把文字添加到图像中，同时也可以产生各种特殊的文字效果。例如，把图像放入文字中，就会产生阴影和三维斜面的效果，使用文字变形工具可以使文字弯曲或延伸，使用文字工具和其他工具的组合可以产生多种效果，增强文字的生动性。本章主要介绍了文字工具的使用，路径文字的编辑，以及文字蒙版和文字特效等知识。

习题 8

1. 文字图层中的文字信息不可以进行＿＿＿＿＿的修改和编辑。
　　A. 文字颜色
　　B. 文字内容，如加字或减字
　　C. 文字大小
　　D. 将文字图层转换为像素图层后改变文字的排列方式
2. 当要对文字图层执行滤镜效果时，首先应当＿＿＿＿＿。
　　A. 将文字图层和背景层合并
　　B. 将文字图层栅格化
　　C. 确认文字层和其他图层没有链接
　　D. 用文字工具将文字变成选取状态，然后在滤镜菜单下选择一个滤镜命令
3. 下面对文字图层描述不正确的是＿＿＿＿＿。
　　A. 文字图层可直接执行所有的滤镜，并且在执行完各种滤镜效果之后，文字仍然可以继续被编辑
　　B. 文字图层可直接执行所有的图层样式，并且在执行完各种图层样式之后，文字仍然可以继续被编辑
　　C. 文字图层可以被转换成矢量路径
　　D. 每个图像中可以建立多个文字图层
4. Ctrl+T 是自由变换的快捷键，在有一个选区的情况下，按 Ctrl+T 键必须依靠快捷键不

能够完成_____变换操作。

  A．缩放　 B．旋转　 C．透视变形　 D．扭曲

 5．利用文字工具制作一个如图 8-45 所示的倒影文字。

图 8-45　倒影文字

 6．利用文字工具、添加图层样式（投影、内阴影、斜面和浮雕等）制作如图 8-46 所示的炫彩立体字。

图 8-46　炫彩立体字

第9章　滤镜的使用

本章要点：
- ☑ 内阙滤镜
- ☑ 内置滤镜
- ☑ 外挂滤镜

9.1　任务1　内阙滤镜的应用

利用内阙滤镜为图9-1（a）所示素材制作如图9-1（b）所示的相框效果，将其与图9-1（c）所示素材合成为图9-1（d）所示效果。使读者掌握滤镜的概念，能够利用滤镜组的各种滤镜制作特殊效果，能够熟练使用消失点滤镜制作立体效果。

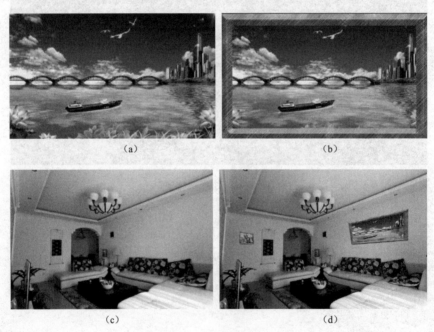

（a）　　　　　　　　　　　　　　　（b）

（c）　　　　　　　　　　　　　　　（d）

图9-1　制作相框

9.1.1　相关知识

1. 滤镜概述

"滤镜"这一专业术语源于摄影，通过它可以模拟一些特殊的光照效果，或带有装饰性的纹理效果。Photoshop 提供了多种滤镜效果，且功能强大，被广泛应用于各种领域，在处理图像时使用滤镜效果，可以为图像加入各类纹理、变形、艺术风格和光线等特效。

　　Photoshop 中的滤镜可以分为内阙滤镜、内置滤镜（也就是 Photoshop 自带的滤镜）和外挂滤镜（也就是第三方滤镜），如图 9-2 所示。内阙滤镜指内阙于 Photoshop 程序内部的滤镜，共有 6 组 24 个滤镜。内置滤镜指 Photoshop 默认安装时，Photoshop 安装程序自动安装到 pluging 目录下的滤镜，共 11 组 70 个滤镜。外挂滤镜是由第三方厂商为 Photoshop 所生产的滤镜，它们不仅种类齐全，品种繁多而且功能强大，同时版本与种类也在不断升级与更新。

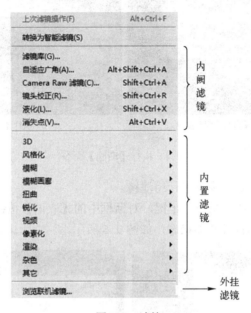

图 9-2　滤镜

所有滤镜的使用，都有以下几个特点。

✧　滤镜的处理效果是以像素为单位的，所以滤镜的处理效果与分辨率有关，同一幅图像如果分辨率不同，处理的效果也不同。

✧　上一次使用的滤镜显示在【滤镜】菜单顶部，按下 Ctrl+F 键，可以再次以相同的参数应用上一次的滤镜，按下 Ctrl+Alt+F 键，可以再次打开相应的滤镜对话框。

✧　滤镜可应用于当前选择范围、当前图层或通道，若需要将滤镜应用于整个图层，则不需要选择任何图像区域或图层，如图 9-3 所示。

（a）滤镜应用于选区

（b）滤镜应用于整个图层

图 9-3　滤镜的应用范围

◇ 执行完一个滤镜后，可以执行【编辑】|【渐隐】命令，将执行滤镜后的图像与原图像进行混合，如图 9-4 所示。

（a）执行【墨水轮廓】滤镜　　　　　　　　　（b）执行【渐隐】

图 9-4　执行【渐隐】命令

◇ 位图模式或索引模式图像不能使用滤镜。

◇ 在任何滤镜对话框中，按下 Alt 键，对话框中的【取消】按钮，变成【复位】按钮，单击它，可恢复到打开时的状态，如图 9-5 所示。

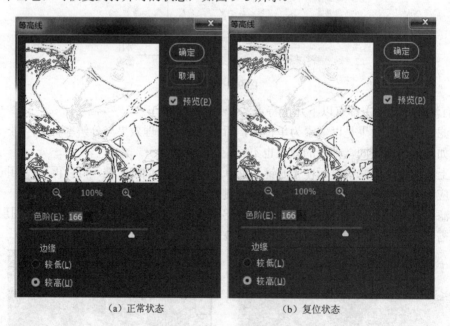

（a）正常状态　　　　　　　　　　　（b）复位状态

图 9-5　取消或复位滤镜操作

2．滤镜库

【滤镜库】集成了 Photoshop 中的大部分滤镜，并加入了"滤镜层"的功能。此功能允许重叠或重复使用滤镜，从而使滤镜的应用变化更加丰富，所得到的效果也更加奇妙。执行【滤镜】|【滤镜库】命令，打开【滤镜库】对话框，如图 9-6 所示。

【滤镜库】中集成了【风格化】滤镜组、【画笔描边】滤镜组、【扭曲】滤镜组、【素描】滤镜组、【纹理】滤镜组和【艺术效果】滤镜组。

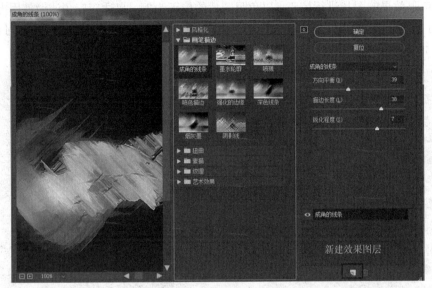

图 9-6　滤镜库

"滤镜层"功能使用方法如下。

① 打开待编辑图像，执行【滤镜】|【滤镜库】命令，打开【滤镜库】对话框，选择一种滤镜效果。

② 单击新建效果图层按钮 ，选择第二种滤镜效果，并编辑，以此类推，可以继续添加新的滤镜效果。单击删除效果图层按钮 ，可以删除某种滤镜效果。

对一幅图像添加三种滤镜，效果如图 9-7 所示。

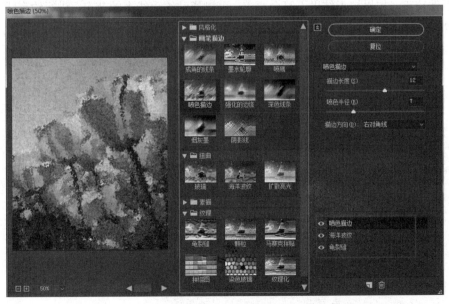

图 9-7　添加多种滤镜

3. 自适应广角滤镜

自适应广角滤镜是 Photoshop CC 中的一项新功能。使用"自适应广角"滤镜可以对广角、超广角及鱼眼效果的图片进行校正。以鱼眼图片的校正为例，自适应广角滤镜使用方法如下。

① 打开 1.jpg，执行【滤镜】|【自适应广角】命令，打开【自适应广角】对话框，如图 9-8 所示。

图 9-8 【自适应广角】对话框

② 投影模型选择"鱼眼"，选择约束工具，在变形的起始位置单击鼠标，移动鼠标指针到变形终点位置，单击鼠标，绘制约束线，如图 9-9（a）所示。此时会沿着绘制的约束线进行图像校正，如果校正结果不符合要求，可以拖动约束线上的节点，进行约束线的修改，如图 9-9（b）所示。

（a）绘制约束线   （b）修改约束线

图 9-9 绘制约束线

③ 同理，对图像中其他变形的地方进行修正，校正完成后，选择裁剪工具，裁剪空白区域，效果如图 9-10 所示。

（a）校正其他变形区域

（b）裁剪图像

图 9-10　修正后的图像

4．Camera Raw 滤镜

Camera Raw 滤镜简称 CR。CR 最早是以"插件"的形式出现于 Photoshop 中，从 Photoshop CS5 版本正式加入到主体功能中。从 CR 这个功能的名字可以得知，它最早是针对图像摄影的。Raw 文件又叫数字底片，是数码相机所生成的原始格式文件，是一种专业摄影师常用的格式，因为它能保存本地拍摄数据信息，让用户能大幅度对照片进行后期设计，如调整白平衡、曝光程度、颜色对比等设定，也特别适合新手补救拍摄失败的照片，而且无论在后期制作上有什么改动，图片也能无损地恢复到最初状态。

在打开 Camera Raw 之前对其进行一些常规设置，执行【编辑】|【首选项】|【Camera Raw】命令，打开【Camera Raw 首选项】对话框，如图 9-11 所示。

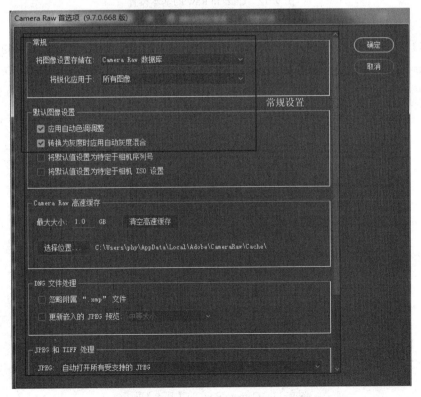

图 9-11　【Camera Raw 首选项】对话框

　　DNG 是单反数码相机拍摄的一种原始影像文件，执行【文件】|【打开】命令，打开后缀名为.DNG 的图片，如图 9-12 所示。

图 9-12　Camera Raw 的基本设置

（1）【基本】面板

　　【基本】面板主要用于调节白平衡、曝光、对比度、高光、阴影等，如图 9-13 所示。处理图片的基本原则是：高光不要过曝，暗部有细节。按下 Alt 键，向右拖动高光，当黑色的画面出现带颜色或白光的时候，代表这些地方已经曝光过度了。按下 Alt 键，向左拖动阴影，当白色的画面出现带颜色或者黑色的时候，代表这些地方已经死黑了。

图 9-13　Camera Raw 的【基本】面板

（2）【色调曲线】面板

【色调曲线】面板中，【参数】选项里可以分别调节高光、高调、暗调、阴影，【点】选项里有红、绿、蓝通道，如图 9-14 所示。如果想让画面柔和点，可以降低高光、亮调，增加暗调、阴影。如果想让画面对比强烈，则需要反向操作。

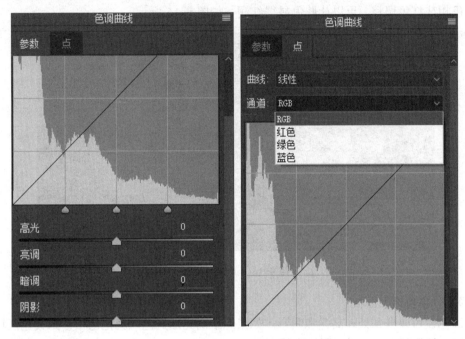

图 9-14　Camera Raw 的色调曲线面板

（3）细节面板

锐化面板上，数量、半径、细节越大，锐化越明显。如果不想全局锐化，可以通过修改蒙版的数值来指定锐化的范围。数值越大，非边缘的地方锐化效果就越小。按下 Alt 键，拉动蒙版选项，可以看到蒙版的应用范围，白色的地方是锐化的，如图 9-15 所示。

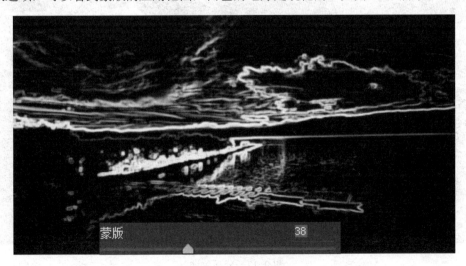

图 9-15　指定锐化范围

（4）【HSL/灰度】面板

【HSL/灰度】面板包括色相、饱和度和明亮度。在调整时，根据三原色的原理进行调节。在人像调节中，人物肤色主要是由红色和黄色影响的，或者说它们的混合色橙色。红色的亮度提升，可以起到肤色更亮的作用，同样，对橙色、红色的饱和度降低，可以让肤色更白。橙色的色相往红色调整，可以让肤色显得红润，如图 9-16 所示。

图 9-16　调整饱和度

（5）【分离色调】面板

分离色调可以分别处理高光和阴影。如果想给高光加黄色，就把色相移到黄色区域，饱和度越高，效果越强。同样，阴影也是。

在实际调节之中，如果想让画面更通透一点的话，那么高光和阴影最好是对比色。比如高光偏黄色，阴影偏蓝色；高光偏红色，阴影偏青色。如果想让画面色调更统一，那么颜色上可以接近或者相近色比如高光偏黄色，阴影偏红色，橙色或者黄色都可以。如图 9-17 所示。

图 9-17　分离色调

5．镜头校正滤镜

镜头校正滤镜可以轻松地校正图像的歪斜、桶状变形、枕状变形等情况，还可以对照片周围加以暗角和制作光晕等。使用方法如下。

① 执行【滤镜】|【镜头校正】命令，打开【镜头校正】对话框，如图 9-18 所示。【镜头校正】对话框中包括【自动校正】选项卡和【自定】选项卡。通过设置【自动校正】选项卡中的相机制造商、相机型号和镜头型号，可以实现对图像的自动校正。也可以通过设置【自定】选项卡的【几何扭曲】【色差】【晕影】【变换】对图像进行自定义校正。

图 9-18　【镜头校正】对话框

② 选择拉直工具，绘制一条线以将图像拉直到新的横轴或纵轴，如图 9-19 所示。

（a）绘制拉直线　　　　　　　　　　　　　（b）拉直效果

图 9-19　绘制拉直线

③ 切换到【自定】选项卡，设置垂直透视与水平透视等参数，参数设置及效果如图 9-20 所示。

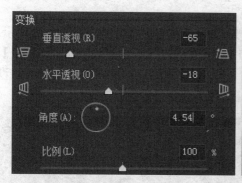

图 9-20　参数设置及效果

6. 液化滤镜

液化滤镜是修饰图像和创建艺术效果的强大工具，它能够非常灵活地创建推、拉、扭曲、旋转、收缩等变形效果。执行【滤镜】|【液化】命令，打开【液化】对话框，如图 9-21 所示。

图 9-21　【液化】对话框

（1）液化工具箱

在液化工具箱中提供了 12 种工具，下面分别进行介绍。

① 向前变形工具。选择向前变形工具，按住鼠标左键并在图像中拖曳，使图像沿光标拖曳的方向发生变形，该工具类似工具箱中涂抹工具的效果。

② 重建工具。如果不满意图像的变形效果，可以选择重建工具，将变形后的图像

还原。使用重建工具时，需在【重建选项】区域中的方式下拉列表中选择重建工具的使用模式。还可以通过【重建选项】区域中的【重建】和【恢复全部】按钮对图像进行恢复。

③ 平滑工具 ![icon]。使用平滑工具可以对图像中变形区域进行平滑修正。对图 9-22 所示的图片使用向前变形工具 ![icon]变形后，可以选择平滑工具 ![icon]对其进行平滑修正。

（a）向前变形　　　　　　　　　　　（b）平滑

图 9-22　平滑工具

④ 顺时针旋转扭曲工具 ![icon]，用来创建顺时针旋转扭曲效果和逆时针旋转扭曲效果。设置好工具选项后，用鼠标单击要进行旋转扭曲的部分，稍停留片刻，会发现图像在慢慢地进行顺时针旋转，转动到所需要的图像效果时，放开鼠标左键即可。创建逆时针扭曲效果，与创建顺时针旋转扭曲效果相同，只需在鼠标单击时按下 Alt 键即可。

⑤ 褶皱工具 ![icon]和膨胀工具 ![icon]。选择褶皱工具 ![icon]，并设置好工具选项后，用鼠标单击要进行褶皱变形的部分，稍停留片刻，可以使图像产生一种从外到内压缩的效果，图像看起来在缩小，如同透过凹透镜观看一样。膨胀工具制作的图像效果与褶皱工具制作的效果刚好相反，使用该工具处理后的图像有一种膨胀的效果，类似一种球体的透视。

⑥ 左推工具 ![icon]。用左推工具 ![icon]在图像上进行拖曳的时候，图像将向与移动方向垂直的方向移动，造成一种图像堆积的效果。

⑦ 冻结蒙版工具 ![icon]和解冻蒙版工具 ![icon]。如果想将图像的变形局限在图像的某些部分，可以使用冻结蒙版工具 ![icon]。使用解冻蒙版工具 ![icon]可以对冻结范围进行修改。

⑧ 脸部工具 ![icon]。如果打开的图像是人像，选择脸部工具 ![icon]，会识别出图像中的人脸，移动鼠标到人像上，会自动识别出脸部五官，拖动鼠标可以实现对五官的调整，如图 9-23 所示。

 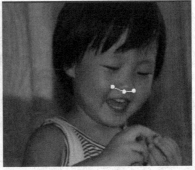

图 9-23　脸部工具

⑨ 抓手工具和缩放工具，分别用于移动图像和缩放图像，其使用方法与工具箱中的抓手工具和缩放工具相同。

（2）画笔工具选项

【画笔大小】：设置变形工具的画笔大小。

【画笔压力】：设置变形工具的画笔压力，即画笔的作用强度。

【湍流抖动】：设置画笔的抖动程度。

【光笔压力】：选择此项，可以搭配数字板使用。

（3）人脸识别液化

这是 Photoshop CC 新增的功能，利用人脸识别液化，可以实现对眼睛、鼻子、嘴唇及脸部形状的调整，如图 9-24 所示。

图 9-24　人脸识别液化

7．消失点滤镜

消失点滤镜是模拟现实生活中的透视原理，可用于构建一种平面的空间模型，让平面变换更加精确，其用途主要应用于去除多余图像、空间平面变换、复杂几何贴图等场合。消失点滤镜的基本使用方法如下。

① 打开 3.jpg，执行【滤镜】|【消失点】命令，打开【消失点】对话框，如图 9-25 所示。

图 9-25　【消失点】对话框

② 选择创建平面工具▦，在需要构建空间平面的四个顶点上分别单击。如果显示为蓝色密集网格的边框，说明构建的空间平面正常。如果网格颜色为红色或黄色，说明构建的空间平面有问题，可以通过调整四个顶点的位置来使构建的空间平面恢复正常，如图 9-26 所示。

（a）蓝色：正常平面　　　　　　（b）红色：异常平面　　　　　　（c）黄色：异常平面

图 9-26　创建空间平面

③ 在素材 1 上新建空白图层 1。打开 4.jpg2，按下 Ctrl+A 键全选，然后按下 Ctrl+C 键复制。重新打开素材 1 的【消失点】对话框，按下 Ctrl+V 键，将素材 2 粘贴到画面中，如图 9-27 所示。

④ 按下鼠标左键，拖动素材 2 到构建的空间平面中，选择变形工具▧，调整大小，使之与背景相协调，如图 9-28 所示。

图 9-27　创建空间平面

（a）拖动到空间平面　　　　　　　　　（b）调整大小

图 9-28　复制图像到空间平面

⑤ 选择选框工具██，按下 Alt 键，按住鼠标左键拖动，复制出新的窗户。复制出来的窗户会自动根据墙面的走势进行大小及角度的变换，使之看起来具有空间立体感变化，如图 9-29 所示。

图 9-29　复制新对象

⑥ 按下【确定】按钮，效果如图 9-30 所示。贴图对象生成在空白图层 1 中，有利于后期的修改操作。

图 9-30　贴图合成效果

9.1.2　实施步骤

步骤 1：打开图像，新建图层 1，选择矩形选框工具██，绘制矩形边框，设置前景色为 RGB（106，93，39），按下 Alt+Delete 键，填充矩形边框，如图 9-31 所示。

图 9-31　绘制矩形

步骤 2：执行【滤镜】|【滤镜库】命令，选择【纹理】|【纹理化】选项，设置【纹理】为"砂岩"，【缩放】为"115"，【凸现】为"15"，【光照】为"上"。单击新建效果图层按钮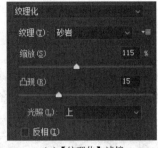，添加【扭曲】|【玻璃】滤镜，设置【扭曲度】为"2"，【平滑度】为"5"，【纹理】为"小镜头"，【缩放】为"102"。 单击新建效果图层按钮，添加【画笔描边】|【成角的线条】滤镜，设置【方向平衡】为"58"，【描边长度】为"24"，【锐化程度】为"5"。效果及参数设置如图 9-32 所示。

（a）【纹理化】滤镜

（b）【玻璃】滤镜

（c）【成角的线条】滤镜

（d）效果

图 9-32　添加滤镜

步骤 3：双击图层 1，打开【图层样式】对话框，勾选【斜面和浮雕】，设置【样式】为"内斜面"，【方法】为"雕刻清晰"，【大小】为"13"，阴影【角度】为"60"，【高度】为"70"，其他参数默认。参数设置及效果如图 9-33 所示。

图 9-33　添加斜面和浮雕

步骤 4：继续勾选【内发光】，设置【不透明度】为"35"，发光颜色为 RGB（233, 235, 37），【大小】为"79"，其他参数默认。参数设置及效果如图 9-34 所示。

图 9-34　添加内发光

步骤 5：按下 Ctrl+Shift+Alt+E 键，生成盖印图层（图层 2）。按下 Ctrl+A 键，再按下 Ctrl+C 键，复制图层。

步骤 6：打开 6.jpg。新建图层 1，执行【滤镜】|【消失点】命令，打开【消失点】对话框，选择创建平面工具，绘制平面。按下 Ctrl+V 键，将做好的相框粘贴到画面中。选择变换工具，变换其大小，并将其拖动到创建的平面中，如图 9-35 所示。

图 9-35　利用【消失点滤镜】贴图

步骤 7：同理，可以继续制作其他的相框，并将其粘贴到 6.jpg 中，最终效果如图 9-36 所示。

图 9-36 合成效果

9.2 任务 2 内置滤镜的应用

制作如图 9-37 所示的炫彩背景，使读者掌握滤镜的基本应用，能够利用滤镜组合设计制作一些特殊的效果，了解内置滤镜的功能和应用。

图 9-37 炫彩背景

9.2.1 相关知识

Photoshop 中内置滤镜包括 3D 滤镜组、风格化滤镜组、模糊滤镜组、模拟画廊滤镜组、扭曲滤镜组、锐化滤镜组、视频滤镜组、像素化滤镜组、渲染滤镜组、杂色滤镜组和其他滤镜组。下面就常用的几种滤镜组进行介绍。

1. 风格化滤镜组

风格化滤镜组通过移动和置换图像像素并提高图像像素的对比度，产生印象派及其他风格化效果，因此，更适合于制作超现实的图像，多用于广告设计。

（1）查找边缘

用相对于白色背景的深色线条来勾画图像的边缘，得到图像的大致轮廓。如果先加大图像的对比度，然后再应用此滤镜，可以得到更多更细致的边缘，如图 9-38 所示。

（a）原图　　　　　　　　（b）图像增加对比度　　　　　　　（c）查找边缘

图 9-38　查找边缘

（2）等高线

类似于查找边缘滤镜的效果，但允许指定过渡区域的色调水平，主要作用是勾画图像的色阶范围。各选项含义如下。

● 【色阶】：可以通过拖动三角滑块或输入数值来指定色阶的阈值，范围为 0 到 255。

● 【较低】：勾画像素的颜色低于指定色阶的区域。

● 【较高】：勾画像素的颜色高于指定色阶的区域。

等高线滤镜效果如图 9-39 所示。

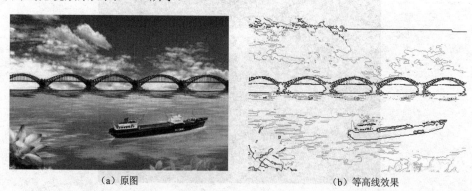

（a）原图　　　　　　　　　　　　　　（b）等高线效果

图 9-39　等高线效果

（3）风

在图像中色差较大的边界上增加细小的水平短线来模拟风的效果。各选项含义如下。

● 【风】：细腻的微风效果。

● 【大风】：比风效果要强烈得多，图像改变很大。

● 【飓风】：最强烈的风效果，图像已发生变形。
● 【从左】：风从左面吹来。
● 【从右】：风从右面吹来。
不同选项时效果如图 9-40 所示。

　　（a）风　　　　　　　　（b）大风　　　　　　　　（c）飓风

图 9-40　不同选项时的风效果

（4）浮雕效果

生成凸出和浮雕的效果，对比度越大的图像，浮雕的效果越明显。各选项含义如下。

● 【角度】：为光源照射的方向。
● 【高度】：为凸出的高度。
● 【数量】：为颜色数量的百分比，可以突出图像的细节。

浮雕效果如图 9-41 所示。

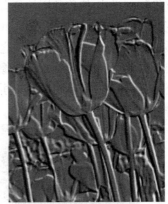

　　　（a）原图　　　　　　　　　　　（b）浮雕效果

图 9-41　浮雕效果

（5）扩散

搅动图像的像素，产生类似透过磨砂玻璃观看图像的效果。扩散效果如图 9-42 所示。

（a）正常   （b）变暗优先

（c）变亮优先   （d）各向异性

图 9-42   不同选项时的扩散效果

（6）拼贴

将图像按指定的值分裂为若干个正方形的拼贴图块，并按设置的位移百分比进行随机偏移。各选项含义如下。

- 【拼贴数】：设置行或列中分裂出的最小拼贴块数。
- 【最大位移】：为贴块偏移其原始位置的最大距离（百分数）。
- 【背景色】：用背景色填充拼贴块之间的缝隙。
- 【前景颜色】：用前景色填充拼贴块之间的缝隙。
- 【反选图像】：用原图像的反相色图像填充拼贴块之间的缝隙。
- 【未改变的图像】：使用原图像填充拼贴块之间的缝隙。

拼贴效果如图 9-43 所示。

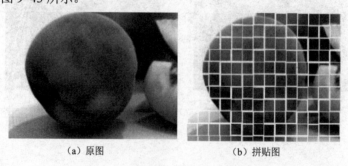

（a）原图   （b）拼贴图

图 9-43   拼贴效果

（7）曝光过度

使图像产生原图像与原图像的反相进行混合后的效果，如图 9-44 所示。此滤镜不能应用在 Lab 模式下。

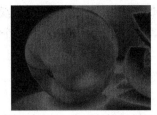

（a）原图　　　　　　　　　　　（b）曝光图

图 9-44　曝光过度效果

（8）凸出

将图像分割为指定的三维立方块或棱锥体，如图 9-45 所示。此滤镜不能应用在 Lab 模式下。

图 9-45　凸出效果

（9）油画

油画滤镜能够让图像产生模拟油画的效果。各选项含义如下。

- 【描边样式】：可以给予画面具有油画笔触的效果，可以是粗糙或者平滑。
- 【描边清洁度】：控制的是画笔边缘效果。低设置值可以获得更多的纹理和细节，而高设置值可以得到更加清洁的效果。使用过程中常常设置为 0。
- 【缩放】：用来控制画笔的大小。小比例缩放就是小且较浅的笔刷，大比例缩放就是大且较厚的笔刷。
- 【硬毛刷细节】：控制画笔笔毛的软硬程度。
- 【角度】：用来控制光源的角度，这样会影响阴影及亮点的效果。
- 【闪亮】：调整光照强度，从而影响整体画面的光影效果。

油画效果如图 9-46 所示。

（a）原图　　　　　　　　　　　（b）效果

图 9-46　油画效果

2．模糊滤镜组

模糊滤镜组主要是使选区或图像柔和，淡化图像中不同色彩的边界，以达到掩盖图像的缺陷或创造出特殊效果的作用。这里介绍几个主要的模糊滤镜。

（1）动感模糊

对图像沿着指定的方向（-360°～+360°），以指定的强度（1～999）进行模糊。各选项含义如下。

● 【角度】：控制模糊的方向，可直接输入角度或用鼠标转动后面的指针。

● 【距离】：设置像素移动的距离。

动感模糊效果如图 9-47 所示。

（a）原图　　　　　　　　　　　　　　　　（b）效果图

图 9-47　动感模糊效果

（2）径向模糊

模拟移动或旋转的相机产生的模糊。各选项含义如下。

● 【数量】：控制模糊的强度，范围 1 到 100。

● 【旋转】：按指定的旋转角度沿着同心圆进行模糊。

● 【缩放】：产生从图像的中心点向四周发射的模糊效果。

● 【品质】：有草图、好和最好三种品质，效果从差到好。

选择不同模糊方法时的效果如图 9-48 所示。

（a）旋转　　　　　　　　　　　　　　　（b）缩放

图 9-48　径向模糊效果

（3）特殊模糊

能对图像进行更为精确的且可控制的模糊处理，可减小图像中褶皱或除去图像中多余的边缘。对话框有 4 个选项：【半径】控制滤镜处理像素的范围；【阈值】控制像素被处理前后的差别，低于这个差值的像素都将被模糊；【品质】可选择低、中、高 3 档；【模式】可选择正常、边缘优选、叠加边缘 3 种模式。

（4）镜头模糊

利用这个滤镜可以通过选区或通道限制命令的作用范围，从而表现出图像的景深效果。

（5）高斯模糊

利用高斯曲线的钟形分布对图像产生柔化边缘或添加雾化效果，其对话框只有【半径】1个调节滑杆，用来调整模糊的强度，值越大，效果越明显。因为高斯模糊的模糊强度可以调节，所以它的使用率也比较高。效果如图 9-49 所示。

（a）原图　　　　　　　　　　　　（b）效果图

图 9-49　高斯模糊效果

3．扭曲滤镜组

扭曲滤镜组是在几何意义上对图像产生扭曲变形，创建三维或其他变形效果，包括切变、挤压、旋转扭曲等滤镜。

（1）波浪

它提供比较全面的控制，能使图像产生强烈的波纹效果。各选项含义如下。

● 【生成器数】：控制产生波纹的数量。

● 【波长】/【波幅】：有两个调节滑杆分别调整波长/波幅的最大值与最小值。

● 【比例】：也有两个调节滑杆分别调整波纹在水平与垂直方向上的比例。

● 【类型】：有正弦波、三角形、方形波 3 种波型。

● 【未定义区域】：【折回】选项表示用图像对边内容填充未定义区域，【重复边缘像素】选项表示按指定方向扩展图像边缘的像素。

● 【随机化】：每单击一次该按钮，在上面预览窗口里就会看到随机效果。

执行波浪滤镜后的效果如图 9-50 所示。

（a）原图　　　　　　　　　　　　　　　（b）效果图

图 9-50　波浪效果

（2）波纹

与波浪滤镜作用效果相似，对话框只有 1 个【数量】调节滑杆用来控制波纹强弱和 1 个
【大小】列表框可选择小、中、大 3 项，如图 9-51 所示。

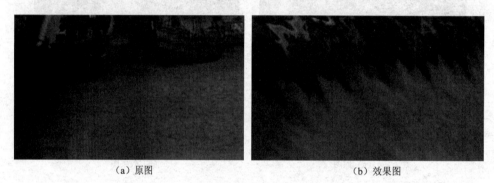

（a）原图　　　　　　　　　　　　　　　（b）效果图

图 9-51　波纹滤镜效果

（3）极坐标

使图像按照坐标算法产生强烈的变形，对话框有【平面坐标到极坐标】与【极坐标到平
面坐标】两种算法，效果如图 9-52 所示。

（a）原图　　　　　（b）平面坐标到极坐标　　　　　（c）极坐标到平面坐标

图 9-52　极坐标滤镜效果

（4）挤压

使图像产生向内或向外挤压效果。对话框只有【数量】1 个调节滑杆，数量向正方向增
大，向内挤压效果越明显；向负方向增大，则向外挤压效果越明显。效果如图 9-53 所示。

(a) 原图　　　　　　　(b) 向内挤压　　　　　　(c) 向外挤压

图 9-53　挤压滤镜效果

（5）切变

可以控制指定的点来弯曲图像。包括两个调节参数：【折回】将切变后超出图像边缘的部分反卷到图像的对边；【重复边缘像素】将图像中因为切变变形超出图像的部分分布到图像的边界上。效果如图 9-54 所示。

(a) 原图　　　　　　　　　　　　(b) 效果图

图 9-54　切变滤镜效果

（6）球面化

能使图像产生球面或柱面的立体效果，对话框中【数量】用来控制球面（柱面）化的程度，正值为外凸，负值为内凹。【模式】列表框可选择【正常（球面效果）】【水平优先（垂直柱面效果）】【垂直优先（水平柱面效果）】。效果如图 9-55 所示。

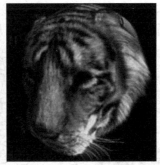

(a) 原图　　　　　　　　　　　　(b) 效果图

图 9-55　球面化效果

（7）水波

能产生小石子投入平静水面产生的涟漪效果。其对话框有 3 个选项：【数量】控制水波凸出或凹陷的程度；【起伏】控制水波纹的多少；可选择水波的样式有：水池波纹、围绕中心、从中心向外 3 种样式。效果如图 9-56 所示。

（a）原图   （b）效果图

图 9-56 水波效果

（8）旋转扭曲

使图像产生旋转的风轮效果，旋转中心为图像或选区中心。其对话框只有 1 个【角度】调节滑杆，正值产生顺时针旋转，负值为逆时针旋转。效果如图 9-57 所示。

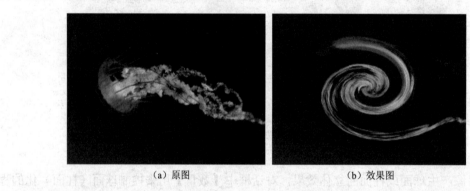

（a）原图   （b）效果图

图 9-57 旋转扭曲滤镜

（9）置换

使处理图像按另一幅图像（称为置换图）的纹理进行变形，最终以处理图像的颜色和置换图的纹理将两幅图像组合。效果如图 9-58 所示。

（a）原图   （b）置换图   （c）效果图

图 9-58 置换效果

4．像素化滤镜组

大部分像素化滤镜会将图像转换成平面色块组成的图案，并通过不一样的设置达到截然不同的效果。

（1）彩块化滤镜和碎片滤镜

彩块化滤镜将纯色或相似颜色的像素结块为彩色像素块，使图像产生类似手绘的效果。碎片滤镜将原图复制 4 份，再使它们互相偏移，形成一种重影效果。

（2）彩色半调滤镜和晶格化滤镜

彩色半调滤镜模拟在图像的每个通道上使用扩大的半调网屏效果，用小矩形将图像分割，并用圆形图像替换矩形图像，圆形的大小与矩形的亮度成正比，晶格化滤镜将图像中的像素结块为纯色的多边形。

（3）点状化滤镜和铜版雕刻滤镜

点状化滤镜将图像中的颜色分散为随机分布的网点，就像点彩画派的绘画风格一样。铜版雕刻滤镜将图像转换为黑白区域的随机图案，或彩色图像的全饱和颜色随机图案。

（4）马赛克滤镜

马赛克滤镜可以模拟马赛克拼图的效果。

各种像素化滤镜效果如图 9-59 所示。

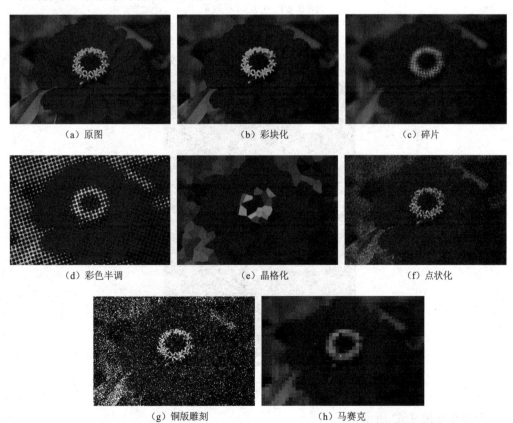

（a）原图　　　　　　　　（b）彩块化　　　　　　　　（c）碎片

（d）彩色半调　　　　　　（e）晶格化　　　　　　　　（f）点状化

（g）铜版雕刻　　　　　　（h）马赛克

图 9-59　像素化滤镜组效果

5．渲染滤镜

渲染滤镜使图像产生三维映射云彩图像，折射图像和模拟光线反射，还可以用灰度文件创建纹理进行填充。

（1）分层云彩

使用随机生成的介于前景色与背景色之间的值来生成云彩图案，产生类似负片的效果，此滤镜不能应用于 Lab 模式的图像。效果如图 9-60 所示。

（a）原图　　　　　　　　　　　　　　（b）效果图

图 9-60　分层云彩效果

（2）光照效果

执行【滤镜】|【渲染】|【光照效果】命令，打开【光照效果】对话框，如图 9-61 所示。

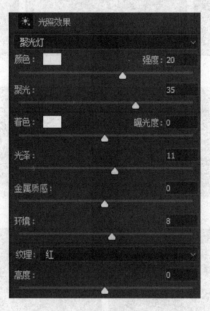

图 9-61　【光照效果】对话框

光照效果如图 9-62 所示。

（3）镜头光晕

能在图像中生成摄像机镜头的炫光效果，执行【滤镜】|【渲染】|【镜头光晕】命令，打

开【镜头光晕】对话框，如图 9-63 所示。

（a）原图　　　　　　　　　　　　　　　（b）光照效果

图 9-62　光照效果

图 9-63　【镜头光晕】对话框

对话框中各选项含义如下。

● 光晕中心：指用鼠标在对话框上方小预览窗里，单击一下，就以单击点为光晕中心。
●【亮度】：控制生成的光晕的亮度。
●【镜头类型】：有四种镜头类型可选。

6. 杂色滤镜组

（1）减少杂色

通过混合像素的亮度减少杂色。

（2）蒙尘与划痕

可以捕捉图像或选区中相异的像素，并将其融入周围的图像中去。

（3）去斑

检测图像边缘颜色变化较大的区域，通过模糊除边缘以外的其他部分以起到消除杂色的作用，但不损失图像的细节。

（4）添加杂色

将添入的杂色与图像相混合。

（5）中间值

通过混合像素的亮度来减少杂色。

9.2.2　实施步骤

步骤 1：新建 800 像素×800 像素的文件，按下 D 键，将前景色重置为默认的黑色。按下 Alt+Delete 键，将背景图层填充为黑色。

步骤 2：执行【滤镜】|【渲染】|【镜头光晕】命令，打开【镜头光晕】对话框，参数保持默认。将光晕设置在画布中心，如图 9-64 所示。

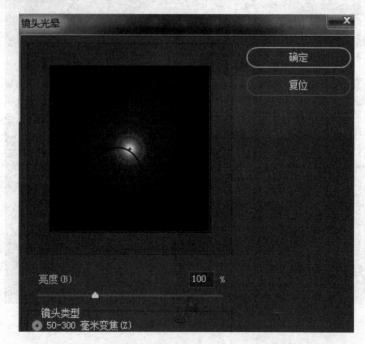

图 9-64　添加镜头光晕

步骤 3：执行【滤镜】|【渲染】|【镜头光晕】命令，参数保持默认，修改光晕的位置，如图 9-65 所示。

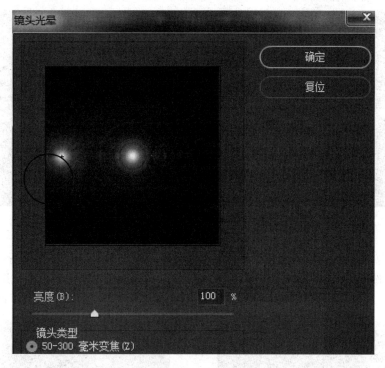

图 9-65 　再次执行镜头光晕滤镜

步骤 4：重复执行镜头光晕滤镜，得到如图 9-66 所示的数个光晕中心。按下 Shift+Ctrl+U
键，将背景图层去色，如图 9-67 所示。

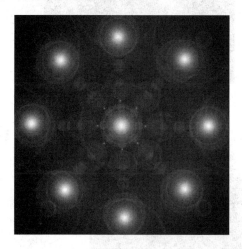

图 9-66 　光晕背景图

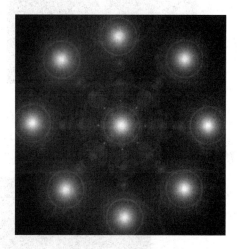

图 9-67 　背景图层去色

步骤 5：执行【滤镜】|【像素化】|【铜版雕刻】命令，打开【铜版雕刻】对话框，【类型】
设置为"中长描边"。效果如图 9-68 所示。

步骤 6：执行【滤镜】|【模糊】|【径向模糊】命令，【数量】设置为"100"，【模糊方法】
设置为"缩放"，【品质】设置为"最好"。效果如图 9-69 所示。

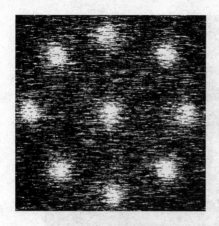

图 9-68　添加铜版雕刻　　　　　　　　　图 9-69　添加径向模糊

步骤 7：按下 Ctrl+Alt+F 键三次，重复径向模糊滤镜。效果如图 9-70 所示。

步骤 8：按下 Ctrl+U 键，打开【色相/饱和度】对话框，勾选【着色】复选框，【色相】设置为 "340"，【饱和度】设置为 "62"，【明度】设置为 "0"，效果如图 9-71 所示。

图 9-70　重复径向模糊　　　　　　　　　图 9-71　调整色相/饱和度

步骤 9：按下 Ctrl+J 键，复制出图层 1，图层混合模式设置为 "变亮"。执行【滤镜】|【扭曲】|【旋转扭曲】命令，【角度】设置为 "-100"。效果如图 9-72 所示。

图 9-72　添加旋转扭曲

步骤 10：按下 Ctrl+J 键，再复制图层。执行【滤镜】|【扭曲】|【旋转扭曲】命令，【角度】设置为"-50"，效果如图 9-73 所示。

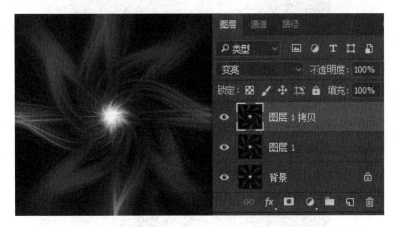

图 9-73　添加旋转扭曲

步骤 11：执行【滤镜】|【扭曲】|【波浪】命令，参数自行设置，最终效果如图 9-74 所示。

图 9-74　最终效果

9.3　任务 3　滤镜的综合应用

通过绘制如图 9-75 所示的书籍封面，使读者掌握滤镜的使用方法和使用技巧，熟练掌握滤镜参数的设置，能够利用滤镜进行特殊效果的制作，并结合图层，进行图像的合成。

图 9-75　书籍封面

9.3.1　相关知识

Photoshop 中除了系统提供的内阙滤镜和内置滤镜外，还有一类外挂滤镜。外挂滤镜是由第三方厂商为 Photoshop 所生产的滤镜。外挂滤镜种类很多，常用的外挂滤镜有 KPT、PhotoTools、Eye Candy、Xenofex、Ulead effect 等。

滤镜的操作是非常简单的，但是真正用起来却很难恰到好处。滤镜通常需要同通道、图层等联合使用，才能取得最佳艺术效果。如果想在最适当的时候应用滤镜到最适当的位置，除了平常的美术功底之外，还需要用户对滤镜的熟悉和操控能力，甚至需要具有很丰富的想象力。这样才能有的放矢的应用滤镜，发挥出艺术才华。

9.3.2　实施步骤

步骤 1：执行【文件】|【新建】命令，设置大小为 185 毫米×260 毫米，分辨率为 300。背景颜色为 RGB（28，130，234），文件名为：制作书籍封面。

步骤 2：新建图层 1，选择画笔工具 ，笔刷设置为"硬边圆"，画笔大小设置为 60 像素，前景色设置为白色，在画布中绘制直线，如图 9-76 所示。执行【滤镜】|【风格化】|【风】命令，参数保持默认。按下 Ctrl+Alt+F 键，多次执行风滤镜，效果如图 9-77 所示。

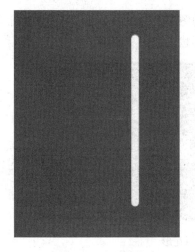

图 9-76　绘制直线

图 9-77　添加风滤镜

步骤 3：执行【编辑】|【变换】|【变形】命令，变换为花瓣形，如图 9-78 所示。

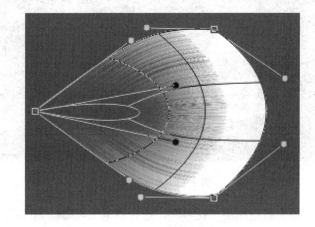

图 9-78　制作花瓣

步骤 4：复制花瓣，组成花的形状，如图 9-79 所示。

图 9-79　复制生成花

步骤 5：按下 Ctrl+E 键，将除背景层之外的图层合并为图层 1，将图层重命名为花。执行【编辑】|【变换】|【变形】命令，编辑花的形状，如图 9-80 所示。

图 9-80　编辑花形

步骤 6：复制图层"花"为图层"花心"，将花适当缩小，做成花心，如图 9-81 所示。

图 9-81　制作花心

步骤 7：在背景图层上新建图层"花茎"，选择钢笔工具，绘制花茎。前景色设置为白色，适当设置画笔大小，描边花茎。效果如图 9-82 所示。

图 9-82　制作花茎

步骤 8：在"花心"图层上新建图层 1，重命名为"花丝"。选择钢笔工具，绘制花丝。前景色设置为白色，适当设置画笔大小，描边花丝，如图 9-83 所示。

图 9-83　制作花丝

步骤 9：新建图层"花药"。选择画笔工具 ，设置前景色为白色，适当设置画笔大小，在花丝上绘制花药，如图 9-84 所示。

图 9-84　制作花药

步骤 10：双击"花心"图层，打开【图层样式】对话框，勾选"颜色叠加"，设置叠加颜色为 RGB（248, 243, 159），如图 9-85 所示。

图 9-85　添加颜色叠加样式

步骤 11：双击"花"图层，打开【图层样式】对话框，勾选"颜色叠加"，设置叠加颜色为 RGB（58, 154, 235）。勾选"外发光"，设置发光颜色为 RGB（207, 207, 207），【大小】设置为"3"，如图 9-86 所示。

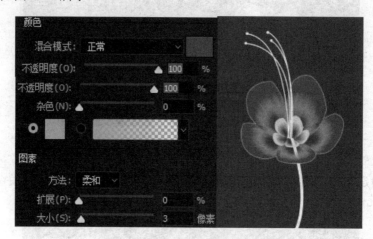

图 9-86　添加颜色叠加和外发光样式

步骤 12：在背景图层上，新建图层 1，重命名为"装饰图形"。选择钢笔工具，绘制图形，设置前景色为 RGB（190, 190, 190），填充路径，如图 9-87 所示。

图 9-87　制作装饰图形

步骤 13：按下 Shift 键，选中除背景图层和装饰图层外的图层，调整位置及方向，如图 9-88 所示。

步骤 14：隐藏背景图层和装饰图形图层，按下 Shift+Ctrl+Alt+E 键，盖印其他图层，生成图层 1，调整图层 1 中花的大小及位置。复制图层 1，对花做类似调整。效果如图 9-89 所示。

步骤 15：选择横排文字工具，输入文字，字体字号自行设置。效果如图 9-90 所示。

图 9-88　调整花的大小及位置

图 9-89　调整复制图层

图 9-90　书籍封面最终效果

小结

滤镜是 Photoshop 的特色之一，具有强大的功能。滤镜产生的复杂数字化效果源自摄影技术，滤镜不仅可以改善图像的效果并掩盖其缺陷，还可以在原有图像的基础上产生许多特殊的效果。

习题 9

1. Photoshop 中要重复使用上一次用过的滤镜应按_____键。

   A．Ctrl+F   B．Alt+F

   C．Shift+Ctrl +F   D．Shift+Alt +F

2. 下列可以使图像产生立体光照效果的滤镜是_____。

   A．风   B．等高线

   C．浮雕效果   D．照亮边缘

3. 滤镜中的_____效果，可以使图像呈现塑料纸包住的效果，该滤镜使图像表面产生高光区域，好像用塑料纸包住物体时产生的效果。

   A．塑料包装   B．塑料

   C．基底凸现   D．底纹

4. 可精确控制图像模糊度的滤镜是_____。

   A．模糊工具   B．动感模糊

   C．拼缀图   D．纹理化

5. 下列_____滤镜在使用时是有一个参考点的。

   A．高斯模糊   B．极坐标

   C．龟裂缝   D．晶格化

6. 所有的滤镜都能作用于_____颜色模式，不能作用于_____颜色模式。

   A．RGB，索引   B．灰度，CMYK

   C．CMYK，索引   D．RGB，索引

7. 可以使静止的交通工具产生直线运动效果的滤镜命令是_____。

   A．高斯模糊   B．进一步模糊

   C．动感模糊   D．径向模糊

8. 利用【液化】【玻璃】【水波】等滤镜，并结合【曲线】命令，制作如图 9-91 所示的水骏马效果。

图 9-91　水骏马

9. 利用【云彩】【径向模糊】【高斯模糊】【基底凸现】【铬黄】等滤镜，结合【色彩平衡】

命令，制作如图 9-92 所示的仿真水纹。

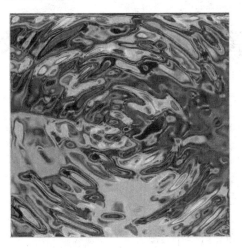

图 9-92　仿真水纹

第10章　动作与历史记录的使用

本章要点：

- ☑ 动作面板
- ☑ 批处理命令
- ☑ 历史记录面板

10.1　任务1　制作邮票

通过绘制如图 10-1 所示的邮票，使读者掌握动作的定义，以及【动作】面板、动作的载入、录制和编辑等操作。

图 10-1　邮票

10.1.1　相关知识

1．动作功能

动作功能是指操作者把用户在 Photoshop 中使用的命令捆绑为一个命令使用。在应用过程中动作功能会按照顺序保存工作过程，在每次需要的时候，运行保存动作，就可以使用保存在图像上的这些命令了。把一个动作作为样本记录，然后通过【动作】面板中提供的功能，就可以在其他的图像上，只通过一次操作，就可以原样应用在样本图像上使用的各种命令。

2．【动作】面板

执行【窗口】|【动作】命令，打开【动作】面板，如图 10-2 所示。

在图 10-2 中，各字母代表的含义如下。

- A：序列，它显示当前动作所在文件夹的名称，图中【默认动作】是系统默认设置，它里面含有许多动作指令。

- B：切换项目开关，该图标里打"√"表示该动作指令可执行，否则不可执行。
- C：切换对话开关，该图标里为空白时，播放动作时，将按动作内定的参数对图像处理。如果里面有图标▤，在执行动作时，当进行到前面有图标命令▤时，会暂停并打开相应的参数设置对话框，确认或修改参数。如果这个图标为红色，表示该动作里只有部分动作是可执行的，在该图标上单击，它将自动将动作中所有不可执行的操作全部变为可执行操作。
- D：展开工具，单击这个小三角形，可以关闭和打开显示该序列或该动作下所有操作命令。

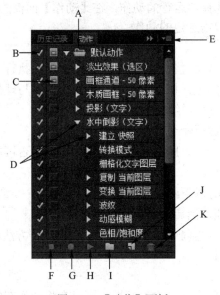

图 10-2　【动作】面板

- E：该按钮用于打开【动作】面板菜单。通过该菜单可将面板设置为卷帘式、按钮模式、创建新动作、新序列、复制、删除、播放、开始记录、插入停止、复位动作、载入动作、替换动作等命令及显示系统内置的一些动作文件名，可供载入或替换当前面板里的动作序列。
- F：暂停/停止按钮■，记录动作时（创建动作的过程），单击该按钮，将暂停/停止。
- G：开始记录动作按钮●，单击该按钮，开始录制新动作，此时图标会变成红色。图标为红色时，不可对它操作。
- H：动作播放按钮▶，记录完动作后，单击该按钮可观看制作的效果。对图像处理时，单击该按钮将执行该动作。
- I：新建动作序列按钮▢，单击该按钮，将创建一个新序列。
- J：新建动作按钮▣，单击该按钮，将新建一个动作。
- K：删除按钮▥，可删除当前序列或当前动作。

（1）建立新的动作

【动作】面板最主要的用途就是用来记录和使用自定义的动作，录制动作的步骤如下。

① 单击创建新动作按钮▣，打开【新建动作】对话框。

② 设置动作的名称、序列等内容。

③ 新建动作之后就可以录制动作内容了。记录完成后单击停止播放/记录按钮■。

（2）载入动作

在 Photoshop 中已经存储了一些预先制作好的动作文件。导入文件的方法是选择【动作】面板的下拉菜单中的【载入动作】选项。在打开的对话框中是 Photoshop 预先设定好的默认目录，在默认目录中选择某一个动作文件即可。

（3）执行动作

执行动作的方法有以下两种。

① 在【动作】面板中选择要运行的动作，在【动作】面板的菜单中单击播放按钮▶。

② 按下 Ctrl 键的同时双击选定的动作。

（4）插入停止标记

这项功能是在处理图像调试过程中常用的功能，例如在执行一个动作命令时，所得到的结果不是理想的结果，并不知道在执行命令中是哪一个步骤与理想效果不同。这时就可以利用这项功能，来对这个动作进行详细察看了。

（5）可运行命令与不可运行命令

可运行命令与不可运行命令，顾名思义就是某个命令是否可以执行。这项功能也是动作调试中不可缺少的。

删除某一个动作的子项有以下两种方法：

① 选取一个动作的子项，然后单击删除按钮■。

② 直接拖动所选定的子项到删除按钮■中，与上一个方法相比，这种方法的好处就是效率高，不用再单击【确定】。

（6）存储和载入动作

录制的动作只是暂时出现在【动作】面板中，只有将动作存储到文件中，才能在下次使用的时候继续调用。存储动作的步骤如下：

① 单击动作所在的动作集，使其处于选中状态。

② 选择弹出菜单中的【存储动作】命令，打开【存储】对话框。

③ 默认存储的文件名为"动作集名.atn"，可以更改为其他文件名，单击【存储】。

在【动作】面板中载入动作，可以直接从弹出菜单的最下部分选择系统自带的动作载入，也可以选择【载入动作】菜单命令，载入动作集。使用系统自带的动作的方法如下。

① 选择【文件】|【打开】命令。

② 选择【窗口】|【动作】命令，显示【动作】面板。

③ 单击【动作】面板右上角的黑三角按钮，在弹出菜单中选择图像效果，载入动作集。

④ 选择【图像效果】动作集中的四分色动作，单击【播放选区】按钮，系统就会自动在图像文件上执行【四分色】动作中的处理。

（7）动作的其他操作

①【清除全部动作】：单击该选项可以清除当前面板上的所有动作。

②【替换动作】：选择该选项可以用载入的动作序列替代现在面板上的动作序列。

③【复位动作】：将【动作】面板上的动作恢复到 Photoshop 默认的模式。

10.1.2　实施步骤

步骤 1：制作邮票的一条边缘。打开素材 1 和素材 2，将素材 2 拖移到素材 1 中，并调整其位置，如图 10-3 所示。

图 10-3　打开并调整素材

步骤 2：在【图层】面板上单击创建新组按钮，将组重命名为"上圆"。单击创建新图层按钮，新建图层 2，选择椭圆工具，绘制一个白色实心圆，如图 10-4 所示。

图 10-4　绘制圆

步骤 3：执行【窗口】|【动作】命令或按下 F9 键，打开【动作】面板。单击创建新组按钮，创建新的动作组，单击创建新动作按钮，设置【名称】为"移动圆"，其他保持默认不变，如图 10-5 所示。单击【记录】，下面的操作将被录制下来。

图 10-5　新建动作

步骤 4：将图层 2 拖动到创建新图层按钮 上，生成图层 2 拷贝。选择移动工具 ，移动图层 2 拷贝中的圆形，单击停止播放/记录按钮 ，停止动作的记录。【动作】面板中记录的动作及效果如图 10-6 所示。

图 10-6　编辑"移动圆"动作

步骤 5：多次单击播放选定的动作按钮 ，重复执行"移动圆"动作，效果如图 10-7 所示。

图 10-7　反复执行动作

步骤 6：将"上圆"组拖动到创建新图层按钮 上，生成"上圆拷贝"组，重命名为"下圆"，调整其位置，如图 10-8 所示。

图 10-8　制作下圆

步骤 7：重复上一步操作，生成左圆和右圆，分别调整其位置，如图 10-9 所示。

图 10-9 制作其他边

步骤 8：选中除背景层之外的其他图层。选择移动工具，调整图像方向，如图 10-10 所示。选中动作组 1，单击【动作】面板上的按钮，在弹出的菜单中选择【存储动作】，将动作组 1 中的所有动作存储起来，这样以后即使重装软件或更换计算机，只要单击【动作】面板上的按钮，选择【载入动作】，即可实现动作的载入，实现动作的重复使用。

图 10-10 邮票制作

10.2 任务 2 批量修改图片大小

通过利用给定的动作"改变图片大小"，处理一些图片素材，使读者掌握批处理动作选择、文件源、文件输出及错误处理批处理命令。效果如图 10-11 所示。

（a）批处理之前   （b）批处理之后

图 10-11 批处理图片

10.2.1 相关知识

1. 批处理功能

Photoshop 提供了批处理功能来应付一些烦琐的事情。

批处理的原理非常的简单：就是将动作功能应用于文件夹。首先要创建一个文件夹，将所有要编辑的图像都保存在里面。利用批处理功能将动作对象指定为该文件夹，Photoshop 就会自动地打开文件夹中的文件，逐个应用动作。

2. 批处理命令简介

执行【文件】|【自动】|【批处理】命令，打开【批处理】对话框，如图 10-12 所示。【批处理】对话框大体可以分为四项内容：【播放】【源】【目标】【错误】。

（1）【播放】

该选项用于选择对选定的文件夹中的图像运行何种批处理动作。在这里可选择的批处理动作都是 Photoshop 自带的批处理动作，与【动作】面板中所显示的内容一致。

（2）【源】

该选项用于选择图像文件的来源。即在做批处理时是从【文件夹】还是通过【输入】得到图像。选择【文件夹】选项，可以单击【选择】按钮从中指定图像文件来源的文件夹。【选择】按钮下面有 4 个选项，各选项含义如下。

● 【覆盖动作中的"打开"命令】：表示可以按照在选取中设置的路径打开文件，而忽略在动作中记录的【打开】操作。

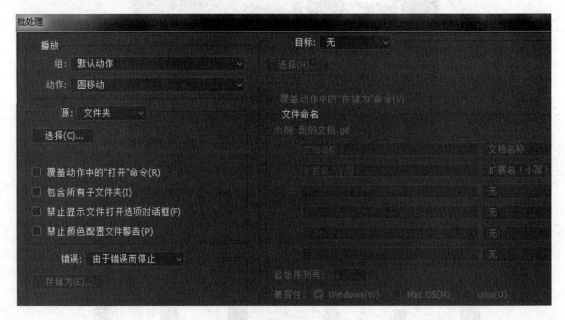

图 10-12 【批处理】对话框

● 【包含所有子文件夹】：表示可以对选取中设置的路径中子文件夹中的所有图像文件做同一个动作的操作。
● 【禁止显示文件打开选项对话框】：表示禁止打开"文件打开选项对话框"，这在批处理数码相机的原始图像文件时很有用，可以使用默认的或先前制定的具体设置。

●【禁止颜色配置文件警告】：表示在进行批处理的过程中对出现的溢色问题提出警告。

在【源】下拉列表中选择【导入】选项，则图像文件的来源为外部扫描。选择【打开的文件】选项，则图像文件的来源为当前已经打开的文件。当文件源为文件夹时，需要指定文件夹目录，在这个对话框中选择【选择】按钮。

（3）【目标】

这项功能是通过自动功能来指定要保存的图像的位置和自动设定文件的名称。当设置的文件的输出为"文件夹"时，需要指定文件夹所在的位置。当输出为"无"时，Photoshop 只是将图像进行批量处理而不将其存储，这样就需要一一存储这些文件了。

注意：如果读者的机器并不是特别的好，而且需要处理的文件数量很大，那么要慎重选取这个选项，否则很容易因为系统资源消耗过多而导致死机。

（4）【错误】

该选项用于指定批处理出现错误时的操作。选择【由于错误而停止】选项，则在批处理中出现错误时会出现提示对话框，并终止批处理过程。选择【将错误记录到文件】选项，则在批处理过程中出现错误时不停止批处理，只把出现的错误记录到使用【存储为】按钮所指定的文件中。

10.2.2　实施步骤

步骤 1：载入动作"改变图片大小.atn"，如图 10-13 所示。

步骤 2：利用动作来完成一个批处理文件。执行【文件】|【自动】|【批处理】命令，打开【批处理】对话框。如图 10-14 所示进行批处理设置。

图 10-13　载入动作

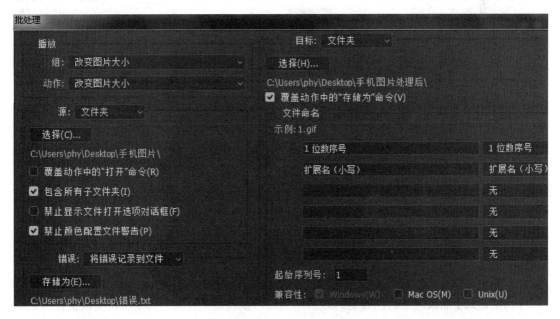

图 10-14　批处理

① 在【动作】下拉菜单中选择【改变图片大小】。

② 在【源】下拉菜单中选择【文件夹】。

③ 单击【选择】，在打开的对话框中选择待处理的图片所在的文件夹。单击选中【包含所有子文件夹】和【禁止颜色配置警告】这两个复选框。

④ 在【目的】下拉菜单中选择【文件夹】，单击【选择】按钮，在弹出的对话框中选择准备放置处理好的图片的文件夹，单击【确定】。

⑤ 勾选覆盖动作中的【存储为】命令，因为动作中有存储。

⑥ 在【文件命名】第一个框的下拉菜单中选择【1 位数序号】，在第二个框的下拉菜单中选择【扩展名（小写）】。

⑦ 在【错误】下拉菜单中选择【将错误记录到文件】，单击【另存为】选择一个文件夹。批处理若中途出了问题，计算机会忠实地记录错误的细节，并以记事本存于选好的文件夹中。

步骤 3：单击【确定】，批处理结果如图 10-15 所示。

图 10-15　批处理后的图片

10.3　任务 3　水墨江南

通过使用【历史记录】面板对图 10-16（a）所示的素材进行如图 10-16（b）所示的水墨效果制作，使读者掌握历史【记录】面板的应用，动作的撤销，快照的使用等。

（a）原图　　　　　　　　　　　　　　　　　（b）效果图

图 10-16　水墨江南

10.3.1　相关知识

1．历史记录

【历史记录】面板能够将图像处理过程中的每一步骤记录在案，只要单击面板上任一记录步骤，就能将图像恢复到该步骤的操作状态。执行【窗口】|【历史记录】命令，打开【历史

记录】面板，如图 10-17 所示。

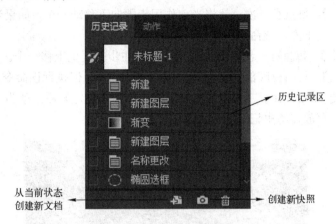

图 10-17 【历史记录】面板

- 历史记录区：用于记录每一步操作步骤，面板底部步骤记录的为最新的操作。
- 设置历史记录画笔的源：用户可以用鼠标单击每行历史记录前面的游标，将其变为当前作用步骤，此时图像就恢复为原先执行该步骤时的状态，如图 10-18 所示。
- 建立新文档：单击面板底部左边第 1 个快捷按钮，能在桌面上建立一个与当前作用步骤状态相同的一个独立于源文件的新图像文件。
- 创建新快照：单击该按钮，可为当前作用步骤状态建立一个快照保存下来。在以后操作过程中，若用户单击该快照，就能使图像快速恢复到该步。虽然单击步骤区任何步骤也能进行恢复，但 Photoshop 中文版默认只能保存 20 个记录步骤，一旦操作超出此范围，新的记录步骤会将旧步骤冲掉，而快照不会冲掉。所以在复杂图像处理时，可为重要步骤创建快照。新打开的图像，系统会自动先给图像创建了一个快照，以后创建的快照将安排在快照区，并命名为快照 1、快照 2……
- 删除当前状态：选择任何一个记录步骤，将其拖到面板底部右边的删除按钮上，该记录步骤（包括它以下的步骤）将删除，图像恢复到该步骤的上一步操作状态。

2.【历史记录】面板菜单

单击【历史记录】面板右上角的按钮，打开【历史记录】面板菜单，如图 10-19 所示。

图 10-18 设置历史记录画笔的源

图 10-19 【历史记录】面板菜单

【历史记录】面板菜单上各项命令含义如下。

①【前进一步】：每执行一次，就将当前作用步骤向下移动一个，如果当前步骤已在历史记录面板步骤区的最下面，该命令为灰色，不可用。

②【后退一步】：每执行一次，当前作用步骤就在步骤区里上移一个。

③【新建快照】：与面板底部的创建新快照按钮 相同，但执行该命令，会打开【新建快照】对话框，如图 10-20 所示。可输入快照名称，单击【确定】后，就为当前作用步骤创建新快照，此快照将存放在历史记录面板上部的"快照区"。

图 10-20 【新建快照】对话框

④【删除】：执行该命令将打开对话框，要求确定，一旦确定就将当前作用步骤包括当前步骤以下的所有操作全部删除。其作用与面板底部的删除当前状态按钮 相同。

⑤【清除历史记录】：执行该命令，历史记录将被清除。

⑥【新建文档】：执行该命令将建立一个与当前作用步骤状态相同的独立新图像文件。其作用与面板底部的 按钮相同。

⑦【历史记录选项】：执行该命令将打开【历史记录选项】对话框，如图 10-21 所示，可对历史记录选项进行设置。

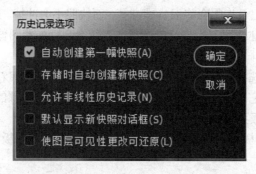

图 10-21 【历史记录选项】对话框

各选项含义如下。

- 【自动创建第一幅快照】：打开文件后，就创建一个与文件名相同的第一幅快照，这是系统默认设置。
- 【存储时自动创建新快照】：每次存盘时，系统自动为图像创建一张新快照。
- 【允许非线性历史记录】：当用户删除一个中间步骤时，它后面的步骤仍被保留而不会受影响。
- 【默认显示新快照对话框】：当单击面板上创建新快照按钮 时，会打开【新快照】对话框，不启用该功能，将直接在快照区生成新快照（如快照 1、快照 2 等）。

- 【使图层可见性更改可还原】：勾选此选项，历史记录面板中会把图层可见性操作记录下来，否则用户对图层可见性的操作不会记录在历史记录面板中。

3．快照删除与重命名

删除快照的方法与删除记录步骤方法相同，只要用鼠标拖动要删除的快照到面板底部的删除按钮🗑即可将快照删除。或者选择要删除的快照条后，再用鼠标单击删除按钮🗑，将打开对话框，单击【是】，快照即被删除。

重命名快照方法是：用鼠标双击需重命名的快照，原快照名称如"快照 1"文字就被激活，然后用键盘输入新名称。

10.3.2　实施步骤

步骤 1：打开待编辑的图片，按下 Crtl+J 键，复制图层。按下 Shift+Ctrl+L 键，对图层 1 执行【自动色阶】命令。

步骤 2：新建图层 2，执行【编辑】|【填充】命令，打开【填充】对话框，【内容】设置为"50%灰色"，如图 10-22 所示。

图 10-22　填充 50%灰色

步骤 3：选择历史记录艺术画笔🖌，画笔大小设置为 5，其他保持默认设置，在图层 2 上涂抹，效果如图 10-23 所示。

图 10-23　涂抹后的效果

步骤 4：选中图层 2，将图层模式改为"叠加"，效果如图 10-24 所示。

图 10-24　修改图层混合模式

步骤 5：隐藏图层 2，选中图层 1，执行【滤镜】|【模糊】|【特殊模糊】命令，【半径】设置为"3.0"，【阈值】设置为"29"，效果如图 10-25 所示。

图 10-25　添加【特殊模糊】滤镜

步骤 6：显示图层 2，单击【图层】面板上的创建新的填充或调整图层，选择【色相/饱和度】，勾选着色，【色相】设置为"218"，【饱和度】设置为"32"。选中调整图层，按下 Ctrl+Alt+G 键，创建剪贴蒙版，效果如图 10-26 所示。

图 10-26　调整色相/饱和度

小结

在 Photoshop 中，使用动作可以大大加快单个文件或批量文件的处理速度，同时还可以创建自己的动作文件或载入他人的动作来处理图像，以提高工作效率。历史记录功能可以记录打开文件后的所有操作，可以随意返回到任何一个被记录的操作。本章主要介绍了【动作】及【历史记录】面板的使用，以及批处理的相关知识。

习题 10

1．如果选择前面的历史记录，所有位于其后的历史记录都无效或变成灰色显示，这说明_____。

　　A．如果从当前选中的历史记录开始继续修改图像，所有其后的无效历史记录都会被删除

B．这些变成灰色的历色记录已被删除，但可以使用 Undo（还原）命令将其恢复

C．允许非线性历史记录的选项处于选中状态

D．应当清除历史记录

2．在 Photoshop 中要选择几个不连续的动作，可在按下_____键的同时依次单击各个动作的名称。

A．Tab　　　　　　　B．Alt+B　　　　　　C．Shift　　　　　　D．Ctrl

3．下列关于"动作"的描述正确的是_____。

A．所谓"动作"就是对单个或一批文件回放一系列命令

B．大多数命令和工具操作都可以记录在动作中，动作可以包含暂停，这样可以执行无法记录的任务（如使用绘画工具等）

C．所有的操作都可以记录在动作中

D．在播放动作过程，可以在对话框中输入数值

4．利用批量磨皮.atn 动作美化皮肤，如图 10-27 所示。

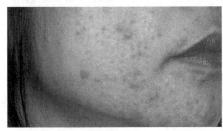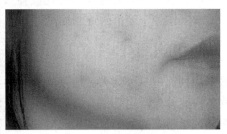

（a）磨皮前　　　　　　　　　　　　　　（b）磨皮后

图 10-27　美化皮肤

5．利用动作制作如图 10-28 所示的扇子。

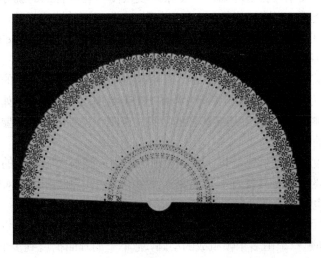

图 10-28　扇子

第11章 动画制作

本章要点:

☑ 简单动画的制作

☑ 帧动画及时间轴的应用

11.1 任务1 认识简单动画

所谓动画,就是用多幅静止画面连续播放,利用视觉暂留形成连续影像。通过本节内容的学习,要求制作一个简单的逐帧动画。

11.1.1 相关知识

动画形成的原理是因为人眼有视觉暂留的特性。所谓视觉暂留就是在看到一个物体后,即使该物体快速消失,也还是会在眼中留下一定时间的持续影像,这在物体较为明亮的情况下尤为明显。最常见的就是夜晚拍照时使用闪光灯,虽然闪光灯早已熄灭,但被摄者眼中还是会留有光晕并维持一段时间。

所谓动画,就是用多幅静止画面连续播放,利用视觉暂留形成连续影像。比如传统的电影,就是用一长串连续记录着单幅画面的胶卷,按照一定的速度依次用灯光投影到屏幕上。这里就有一个速度的要求,播放电影时,如果速度太慢,观众看到的就等于是一幅幅轮换的幻灯片。为了让观众感受到连续影像,电影以每秒 24 张画面的速度播放,也就是一秒内在屏幕上连续投射出 24 张静止画面。动画播放速度的单位是 fps(frame per second,帧每秒)。电影是 24 fps,通常简称为 24 帧。

现实生活中的其他能产生影像的设备也有帧速的概念,比如电视机的信号,中国与欧洲所使用的 PAL 制式为 25 帧,日本与美洲使用的 NTSC 制式为 29.97 帧。如果动画在计算机显示器上播放,则 15 帧就可以达到连续影像的效果。在制作视频的时候,要想好发布在何种设备上,以设定不同的帧速。

人眼的辨识精度其实远远高于以上几种帧速,因为人眼与大脑构成的视觉系统是非常发达的。只是依据环境不同而具备有不同的敏感程度,比如在黑暗环境中对较亮光源的视觉暂留时间较长,因此电影只需要 24 帧。

Photoshop 不仅可以用来制作如海报、印刷稿等静态图像,而且还可以用来制作动画。可以在 Photoshop 中创建一个由多个帧组成的动画,把单一的画面扩展到多个画面,并在这多个画面中营造一种影像上的连续性,令动画成型。

现在很多使用 Flash 制作的动画都可以附带配音和交互性,从而令整个动画更加生动。而 Photoshop 所制作出来的动画只能称作简单动画,这主要是因为其只具备画面而不能加入声音，且观众只能以固定方式观看。但简单并不代表简陋，虽然前者提供了更多的制作和表现方法，但后者也仍然具备自己的独特优势，如图层样式动画就可以很容易地做出一些其他软件很难实现的精美动画细节。再者，正如同在纸上画画是一个很简单的行为，但不同的人画的好坏也不相同。因此优秀的动画并不一定就需要很复杂的技术，重要的是优秀的创意。

除了制作上的不同以外，在用途上也有不同。动画经常被安放于网页中的某个区域，用以强调某项内容，如广告动画。这种动画通常按照安放位置的不同而具备相应的固定尺寸，如 468×60、140×60、90×180 等。也可将动画应用于手机彩信（一种可发送图片、声音、视频的多媒体短信服务）。这些用途都有各自的特点，除了尺寸以外还有其他需要考虑的因素，如字节数的限制，帧停留时间等。

11.1.2 实施步骤

步骤 1：新建一个 150 像素×150 像素的空白文件。新建图层 1，选择矩形选框工具 ，绘制矩形，前景色设置为黑色，按下 Alt+Delete 键，填充矩形，如图 11-1 所示。

图 11-1 新建文件

步骤 2：执行【窗口】|【时间轴】命令，打开【时间轴】面板，如图 11-2 所示。

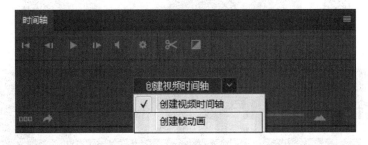

图 11-2 【时间轴】面板

步骤 3：选择创建帧动画选项，单击此按钮，此时【图层】面板也多出了一些选项，如图 11-3 所示。

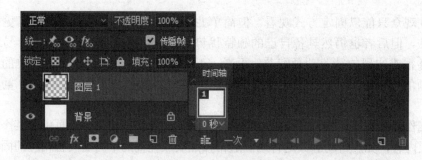

图 11-3　创建帧动画

步骤 4：在【时间轴】面板中单击复制所选帧按钮🔲，增加一个帧，如图 11-4 所示。

图 11-4　复制所选帧

步骤 5：选择复制出来的第 2 帧，单击移动工具➕，将图层中的方块移动一定距离，如图 11-5（a）所示，此时【时间轴】面板如图 11-5（b）所示。可以看到虽然在第 2 帧中方块的位置发生了改变，但在原先第 1 帧中方块的位置依然未变，这是一个很重要的特性。重复几次这种先复制帧再移动方块的操作，最终得到如图 11-5（c）所示的效果。

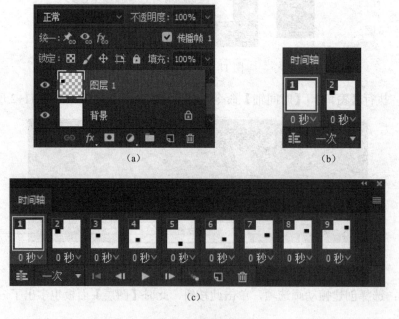

（a）　　　　　　　　　　　　　　　　（b）

（c）

图 11-5　调整位置

步骤 6：单击播放动画按钮![图标]，在图像窗口就可以看到方块移动的效果了，只是移动的速度很快。这是因为没有设置帧延迟时间。【动画】面板中每一帧的下方现在都有一个"0 秒"，这就是帧延迟时间（或称停留时间），如图 11-6 所示。帧延迟时间表示在动画过程中该帧显示的时长。比如某帧的延迟设为 2 秒，那么当播放到这个帧的时候会停留 2 秒钟后才继续播放下一帧。延迟默认为 0 秒，每个帧都可以独立设定延迟。

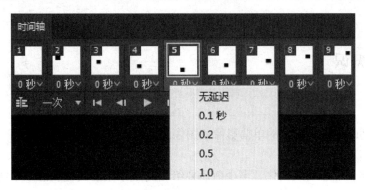

图 11-6　设置动画延迟时间

步骤 7：按下 Ctrl+S 键，将动画设定保存起来，文件格式为 PSD。如果需要能用于网页的独立动画文件，则需执行【文件】|【存储为 Web 所用格式】命令，将出现一个如图 11-7 所示的窗口，用于导出动画。

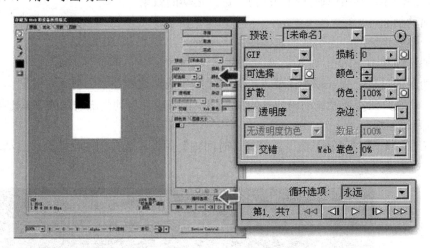

图 11-7　导出动画

11.2　任务 2　制作淡入淡出网页 banner

帧过渡动画类似于 Flash 中的补间动画，前帧和后帧之间的动作通过过渡来实现。通过制作如图 11-8 所示的淡入淡出的网页 banner，使读者掌握时间轴的基本应用，能够制作帧过渡动画。

图 11-8　制作淡入淡出网页 banner

11.2.1　相关知识

1．帧动画

（1）帧

帧是影像动画中最小单位的单幅影像或图像画面。

（2）关键帧

任何动画要表现运动或变化，至少前后要给出两个不同的关键状态，中间状态的变化和衔接计算机可以自动完成，表示关键状态的帧叫作关键帧。

（3）过渡帧

在两个关键帧之间，计算机自动完成过渡画面的帧叫作过渡帧。

（4）动画

指运动的画面，利用快速变换帧的内容达到运动的效果。

（5）帧动画

是由一幅幅连续的画面组成的图像或图形序列。

（6）关键帧动画

制作动画的过程，每一帧都需要人工设置才能生成，比较烦琐。可通过设置图层效果，生成关键帧动画。只需要设置动画的开始帧与结束帧，软件自动生成动画的非关键帧。

2．时间轴面板

执行【窗口】|【时间轴】命令，打开【时间轴】面板，选择创建帧动画，启动动画【时间轴】面板，如图 11-9 所示。

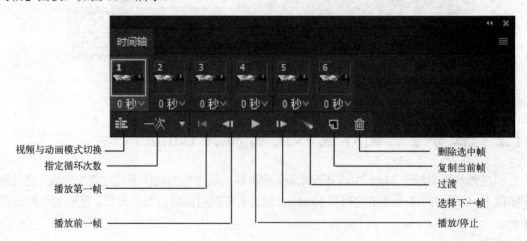

图 11-9　动画【时间轴】面板

（1）指定循环次数

单击【一次】，弹出一个子菜单，其中包括【一次】【三次】【永远】【其他】四个选项，各选项含义如下：

- 【一次】：选择此选项后，动画只播放一次。
- 【三次】：选择此选项后，动画只播放三次。
- 【永远】：选择此选项后，动画将不停的连续播放。
- 【其他】：选择此选项后，用户可以在对话框中定义动画的播放次数。

（2）过渡

单击过渡动画帧按钮，打开【过渡】对话框，如图 11-10 所示。在该对话框中，【过渡】下拉列表框用来设置插入帧的起始帧位置，【要添加的帧数】文本框用于设置插入帧的数目。

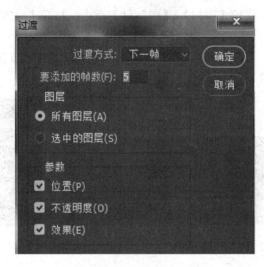

图 11-10　【过渡】对话框

（3）延迟

在【动画】面板中，单击每一图像框右下角的选择帧延时间按钮，在弹出的列表中可以为每一幅设定好的过程图像设置时间延迟，如图 11-11 所示。

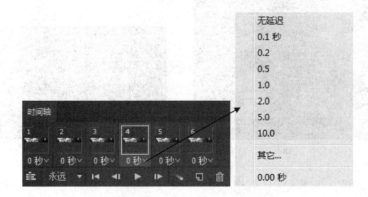

图 11-11　动画延迟时间设置

（4）播放

动作制作完成后，单击播放动画按钮<img>，动画就开始播放。

3．Web 页输出

设置完动画或图片后，执行【文件】|【存储为 Web 所用格式】命令或按下 Shift+Ctrl+Alt+S 键，打开【存储为 Web 所用格式】对话框。

单击【存储】按钮，打开【将优化结果存储为】对话框，在【切片】下拉列表中选择【所有切片】，在【文件名】文本框中给 HTML 取个名称（如 index.html），然后单击【保存】。

保存后将得到一个 HTML 文件和一个存放切片的文件夹。用 Dreamweaver 或 FrontPage 打开该 HTML 文件就可进行编辑处理。

11.2.2 实施步骤

步骤 1：打开 1.jpg，执行【窗口】|【时间轴】命令，打开【时间轴】面板，选择【创建帧动画】，如图 11-12 所示。

步骤 2：新建图层 1、图层 2、图层 3、图层 4、图层 5，将图片 2.jpg、3.jpg、4.jpg、5.jpg、6.jpg 分别放到五个图层上，如图 11-13 所示。

图 11-12 【时间轴】面板   图 11-13 图层效果

步骤 3：选中第 1 帧，按下 Alt 键，单击背景图层，将除背景层外的其他图层设为不可见，如图 11-14（a）所示，时间轴如图 11-14（b）所示。

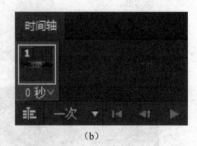

（a）   （b）

图 11-14 设置第 1 帧

步骤 4：单击复制所选帧按钮<img>，生成第 2 帧。在第 2 帧中，将图层 1 设置为可见，图层如图 11-15（a）所示，时间轴如图 11-15（b）所示。

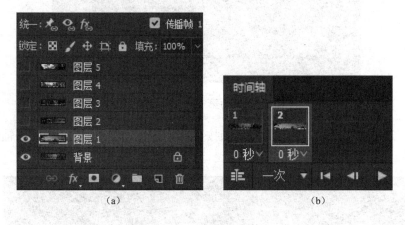

图 11-15 设置第 2 帧

步骤 5：单击复制所选帧按钮 🔳，生成第 3 帧。在第 3 帧中，将图层 2 设置为可见，图层如图 11-16（a）所示，时间轴如图 11-16（b）所示。

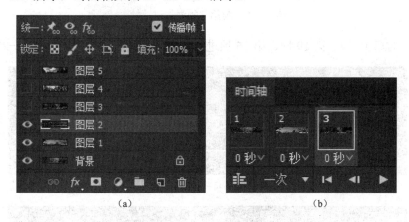

图 11-16 设置第 3 帧

步骤 6：同理，设置第 4 帧中显示图层 3，第 5 帧中显示图层 4，第 6 帧中显示图层 5，时间轴如图 11-17 所示。

图 11-17 设置其他帧

步骤 7：选中第 1 帧，单击过渡动画帧按钮 ▃，打开【过渡】对话框，采用默认设置，单击【确定】，【动画】面板如图 11-18 所示，第 2 帧到第 6 帧为自动插入的过渡帧。

图 11-18　为第 1 帧添加过渡帧

步骤 8：选中第 7 帧，单击过渡动画帧按钮 ，进行过渡动画设置，时间轴如图 11-19 所示。

图 11-19　为第 7 帧添加过渡帧

步骤 9：对第 13 帧，第 19 帧、第 25 帧进行过渡动画设置，时间轴如图 11-20 所示。

（a）为第 13 帧添加过渡帧

（b）为第 19 帧添加过渡帧

（c）为第 25 帧添加过渡帧

图 11-20　为其他帧添加过渡帧

步骤 10：选中所有帧，将帧延迟时间全部设置为 0.5 秒，如图 11-21 所示。

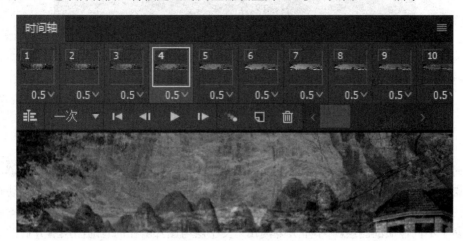

图 11-21　设置帧延迟时间

步骤 11：按下 Shift+Ctrl+Alt+S 键，将动画存储为 gif 格式文件。

11.3　任务 3　制作雷达动画

时间轴方式广泛运用在许多影视制作软件中，如 Premiere、AfterEffects 等，包括 Flash 也是采用这种方式。通过制作如图 11-22 所示的雷达动画，使读者掌握利用视频时间轴制作动画的方法。

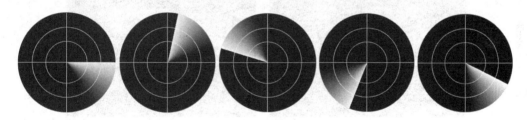

图 11-22　雷达动画

11.3.1　相关知识

1．认识视频时间轴

前面介绍了利用关键帧过渡和利用独立图层这两种制作动画的方式，关键帧过渡动画中还有许多操作没有提及，这是由于它们与时间轴方式并无关系，而时间轴将是制作动画的主要方式，因此予以略过。

单击【时间轴】面板中的创建视频时间轴选项 创建视频时间轴 ，进入视频时间轴模式，如图 11-23 所示。单击面板左下角的转换为帧动画按钮 ，会切换到帧动画模式。

注意：这两种方式是互不兼容的，因此不要在制作过程中进行切换。如果误切换了，可以按下 Ctrl+Alt+Z 键撤销。

图 11-23　视频时间轴

在时间轴中可看到类似【图层】面板中的图层名字。单击图层左方的箭头标志▶，会展开该图层所有的动画项目，也就是能制作为动画的要素。在不同性质的图层中，其动画项目也不相同。所谓不同性质就是指如普通图层、带蒙版的普通图层、文字图层、调整图层等，这些都属于不同性质的图层。"中华大好河山"文字层与图片所在的普通图层展开后的动画项目，如图 11-24（a）所示。给图层添加不同的样式和应用时，动画项目也相应改变，给文字加蒙版后，动画项目如图 11-24（b）所示。

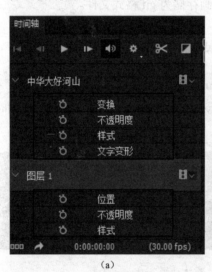
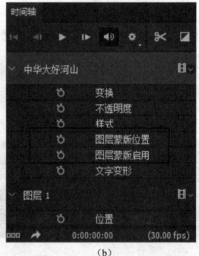

（a）　　　　　　　　　　　　　　　（b）

图 11-24　动画项目

2. 图层样式制作动画

在使用帧过渡的时候，有 3 个参数（蒙版情况下有 5 个），分别是【位置】【不透明度】【样式】。位置就是图层的坐标，比如一个文字的移动，就是改变文字图层的位置。不透明度则可实现图层半透明变化。样式就是指图层样式。在前面的章节中已经学习过如何为图层定义样式，在定义样式中有许多的参数都直接影响最终的效果。如阴影的高度、角度等。这些参数中的绝大多数，都可以作为动画的变量来使用，可以做出效果非常好的动画。

11.3.2　实施步骤

步骤 1：新建图像，大小自定义。新建图层 1，重命名为"圆"。选择椭圆选框工具◯，按下 Shift 键，绘制正圆，填充绿色（#19631C）。

步骤 2：按下 Ctrl+J 键，复制图层，重命名为"线圆 1"，缩小图层中的圆。双击线圆 1 图层，打开【图层样式】对话框，勾选【描边】，【大小】设置为"1"，颜色设置为白色。用同样方法再画一圆，这样得到两个同心的线圆。此时同心圆图像及图层如图 11-25 所示。

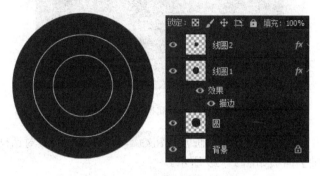

图 11-25   同心圆图像及图层

步骤 3：新建"十字线"图层。选择直线工具 ，工具模式设置为"像素"，【粗细】设置为"1 像素"，前景色设置为白色，在圆的中央位置绘制十字线，如图 11-26 所示。

图 11-26   添加十字线

步骤 4：新建"扫描线"图层。载入图层"圆"的选区并填充白色。【填充】设置成"0%"。双击图层，打开【图层样式】对话框，勾选【渐变叠加】，【混合模式】设置为"正常"，【样式】设为"角度"，【角度】设置为"0"，渐变色设置为白色——透明色，如图 11-27 所示。

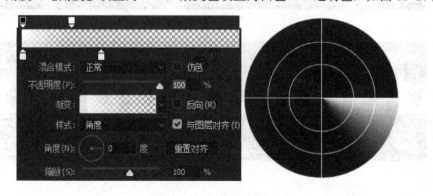

图 11-27   制作扫描线

步骤 5：执行【窗口】|【时间轴】命令，打开【时间轴】窗口，选择【创建帧动画】，单击复制所选帧按钮█，生成第 2 帧。修改图层样式【渐变叠加】中【角度】为"180"，同样复制第 2 帧生成第 3 帧，修改图层样式【渐变叠加】中【角度】为"360"。如图 11-28 所示。

图 11-28　复制帧后的时间轴

步骤 6：选中第 1 帧，单击过渡动画帧按钮█，打开【过渡】对话框，【要添加的帧数】设为"20"，【时间轴】面板如图 11-29 所示。

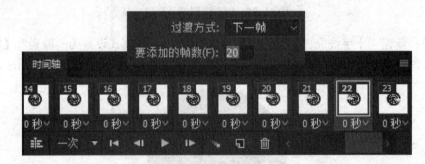

图 11-29　为第 1 帧添加过渡帧

步骤 7：同样给第 22 帧，第 43 帧添加过渡帧，【时间轴】如图 11-30 所示。

（a）为第 22 帧添加过渡帧

（b）为第 43 帧添加过渡帧

图 11-30　为其他帧添加过渡帧

步骤 8：单击播放动画按钮，如图 11-31 所示。执行【文件】|【导出】|【存储为 Web 所用格式】命令，保存为 GIF 格式。

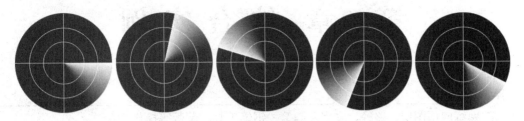

图 11-31　雷达动画

小结

利用 Photshop 可以制作一些较为常用的网页元素和 GIF 动画。通过本章学习，能够掌握 Photoshop 动画工具使用、按钮的创建、简单动画的创建，并能够在 Web 页面中输出上述元素。

习题 11

1．在 Web 上使用的图像格式有_____。
　　A．PSD，TIF，GIF　　　　　　B．JPEG，GIF，SWF
　　C．GIF，JPEG，PNG　　　　　D．EPS，GIF，JPEG
2．当使用 JPEG 作为优化图像的格式时，_____。
　　A．JPEG 虽然不能支持动画，但比其他的优化文件格式（GIF 和 PNG）所产生的文件一定小
　　B．当图像颜色数量限制在 256 色以下时，JPEG 文件总比 GIF 的大一些
　　C．图像质量百分比值越高，文件尺寸越大
　　D．图像质量百分比值越高，文件尺寸越小
3．图像优化是指_____。
4．简述如何创建帧动画。

第12章 综合实例

本章要点:

- ☑ 熟练应用图层、路径、文字、画笔、钢笔工具、蒙版等操作
- ☑ 掌握宣传海报的设计与制作
- ☑ 掌握产品包装的设计与制作

12.1 任务1 制作简约旅游宣传海报

通过设计制作如图 12-1 所示的旅游宣传海报,使读者掌握海报设计的基础知识,能够熟练应用 Photoshop 的色彩调整功能、路径绘制功能、蒙版等进行海报的设计与制作。

图 12-1 简约旅游宣传海报

12.1.1 相关知识

1. 海报相关知识

海报是一种信息传递艺术,是一种大众化的宣传工具。海报设计必须有相当的号召力与艺术感染力,要调动形象、色彩、构图、形式感等因素形成强烈的视觉效果。它的画面

应有较强的视觉中心，应力求新颖、单纯，还必须具有独特的艺术风格和设计特点。

海报按其应用不同大致可以分为商业海报、文化海报、电影海报和公益海报等。本节制作的旅游宣传海报属于商业海报，因此设计时要有好的立意，以"来一场说走就走的旅行"为主题，要有说服力。海报用新的方式和角度去理解问题，创造新的视野，新的观念。海报上的简洁地图，告诉客户旅行社的地理位置，构图简练，用最简单的方式说明问题，引起人们的注意。海报传达了商品的关键信息如价格、折扣等，以鲜明的对比色突出重要信息。

2. 出血位

印刷术语"出血位"又称"出穴位"。其作用主要是保护成品裁切时，有色彩的地方在非故意的情况下，做到色彩完全覆盖到要表达的地方。例如：想要剪下一张印在白纸上的实心圆圈，如果大家按圆圈的边缘剪，不管多认真，这样剪出的黑色圆圈会带一点儿未剪干净的白纸，且不管剪得圆不圆，只要是黑色圆圈上留下的那点白边就会让人感到不太舒服。有什么方法能保证剪出的圆圈都不带白边吗？其实很简单，就是做这个实心圆圈时，将色彩的界线稍微溢出，也就是加大，这样就为不留白边增加了一份保险。

12.1.2 实施步骤

1. 背景制作

步骤 1：执行【文件】|【新建】命令，新建一个 216 毫米×154 毫米的文档，这是标准 A5 大小的纸张+3 毫米的出血距离。因为最终是要做一个印刷品，所以色彩模式选用 CMYK，分辨率为 300 dpi，如图 12-2 所示。

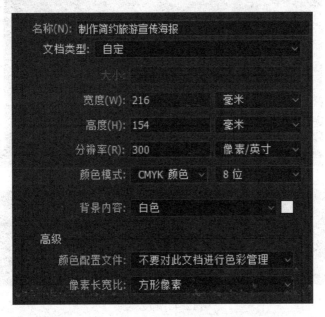

图 12-2 新建文档

步骤 2：执行【视图】|【标尺】命令，显示标尺。使用移动工具，配合 Shift 键来

创建和挪动参考线，确保参考线停放在标尺 3 毫米的位置，标出出血区。结果如图 12-3 所示。

图 12-3　标出出血区

步骤 3：新建图层，重命名为"海报背景"，并填充白色。双击图层，打开【图层样式】对话框，勾选【渐变叠加】，渐变色设置为淡黄色（#EFE8A3）到白色的线性渐变，【角度】设置为"90"，参数设置如图 12-4 所示。

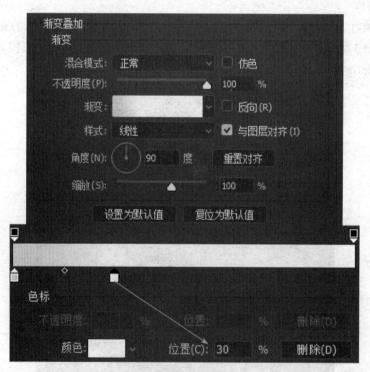

图 12-4　渐变叠加

步骤 4：新建图层，重命名为深棕图形。选择矩形工具，工具模式设置为"路径"，【填充】设置为深棕色（#411D0E），绘制 2 551 像素×900 像素的矩形，如图 12-5 所示。

图 12-5 创建矩形

步骤 5：选择路径选择工具 ，将矩形移动到画布左上角，如图 12-6 所示。

图 12-6 填充棕色的矩形

步骤 6：选择添加锚点工具 ，在矩形的底边和顶边各添加一个新的锚点。利用直接选择工具 和转换点工具 ，将矩形编辑成如图 12-7 所示的形状。

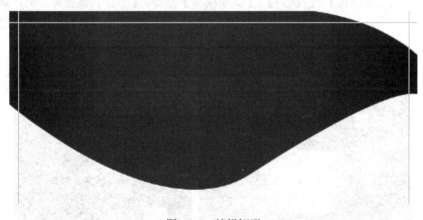

图 12-7 编辑矩形

步骤 7：执行【文件】|【置入嵌入的智能对象】命令，选择人物 1.jpg。选择移动工具 ，将图片移动到文档的左上方，如图 12-8 所示。

图 12-8　置入人物 1 图片

步骤 8：选择人物 1 图层，单击添加图层蒙版按钮 ，选择画笔工具 ，设置合适的画笔大小及硬度，进行蒙版编辑，如图 12-9 所示。

图 12-9　编辑图层蒙版

步骤 9：执行【滤镜】|【模糊】|【高斯模糊】命令，【半径】设置为"6"，如图 12-10 所示。

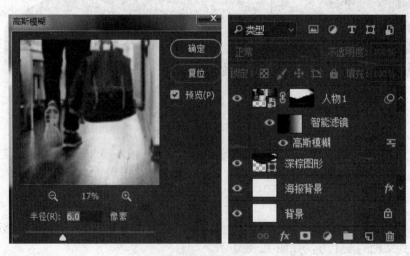

图 12-10　高斯模糊

步骤 10：单击创建新的填充或调整图层按钮 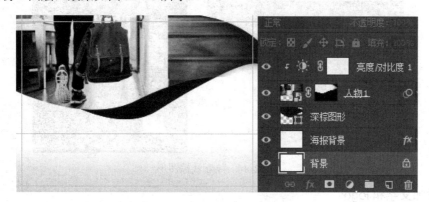，选择【亮度/对比度】，【亮度】设置为"40"，【对比度】设置为"0"。按下 Ctrl+Alt+G 键，创建剪切蒙版，将亮度/对比度的设置只应用到人物 1 图层，效果如图 12-11 所示。

图 12-11　设置【亮度/对比度】

步骤 11：新建图层，重命名为"棕色图形"。填充棕色（#953D12）。选中人物 1 图层的矢量蒙版，按下 Alt 键，将蒙版拖动到颜色层上，如图 12-12 所示。

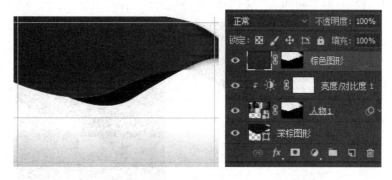

图 12-12　棕色图形

步骤 12：选择画笔工具 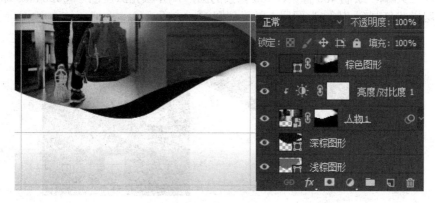，设置合适的画笔大小及硬度，涂抹图层蒙版，图层不透明度设置为"75%"，效果如图 12-13 所示。

图 12-13　编辑图层蒙版

步骤 13：在"海报背景"图层上新建图层，重命名为"浅棕图形"。选择钢笔工具，绘制图形，并填充浅棕色（#E07F00），如图 12-14 所示。

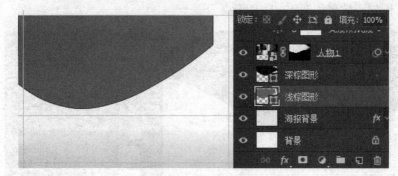

图 12-14　绘制浅棕图形

2. 添加文字和 logo

步骤 1：选中"棕色图形"图层，单击创建新图层按钮，新建图层，重命名为"圆 1"。选择椭圆选框工具，绘制 248 像素×248 像素的圆形，并填充棕色（#953D12）。双击图层，打开【图层样式】对话框，勾选【投影】，【不透明度】设置为"14%"，【距离】设置为"5"，【大小】设置为"15"。效果如图 12-15 所示。

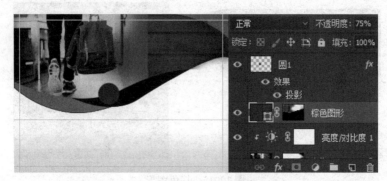

图 12-15　绘制棕色圆

步骤 2：选中"圆 1"图层，单击创建新图层按钮，新建图层，重命名为"圆 2"。选择椭圆选框工具，绘制 400 像素×400 像素的圆形，并填充深蓝色（#002644）。将"圆 1"图层的图层样式复制到"圆 2"图层。效果如图 12-16 所示。

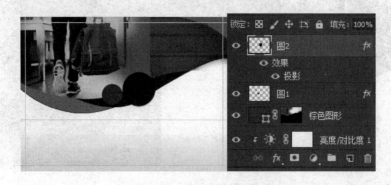

图 12-16　绘制深蓝色圆

步骤 3：选择横排文字工具 **T**，添加促销文字"￥455""20%""为首次注册者"。字体、字号自行设置，如图 12-17 所示。

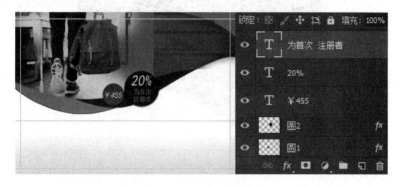

图 12-17 添加促销文字

步骤 4：添加标题文字"来一场说走就走的旅行"，字体字号自行设置，如图 12-18 所示。

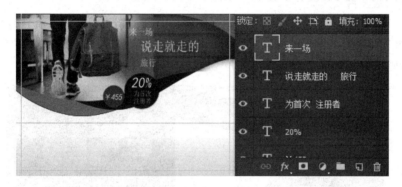

图 12-18 添加标题文字

步骤 5：执行【文件】|【置入嵌入的智能对象】命令，选择 logo.png，调整图像大小及位置，如图 12-19 所示。

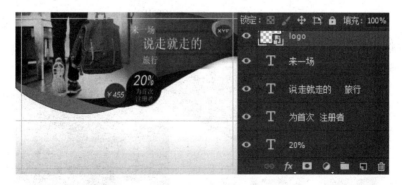

图 12-19 添加 logo

步骤 6：双击"logo"图层，打开【图层样式】对话框，勾选【投影】，【不透明度】设置为"30%"，【距离】设置为"3"，【大小】设置为"16"。如图 12-20 所示。

图 12-20　给 logo 图层添加投影

3．添加二级图片

步骤 1：选中"logo"图层，单击创建新图层按钮⬛，新建图层，重命名为"矩形 1"。选择矩形选框工具⬛，绘制 600 像素×280 像素的矩形。置入素材"风景.jpg"，按下 Ctrl+Alt+G 键，创建剪贴蒙版，如图 12-21 所示。

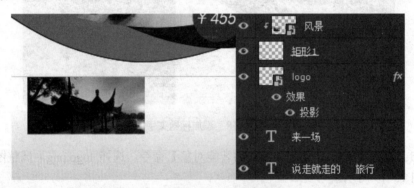

图 12-21　添加二级图片

步骤 2：同理，完成"人物 2.jpg"和"地图.png"的添加，如图 12-22 所示。

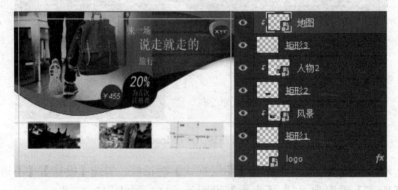

图 12-22　添加其他二级图片

步骤 3：双击"矩形 1"图层，打开【图层样式】对话框，勾选【描边】，【大小】设置为"6"，【位置】设置为"内部"，颜色设置成棕色（#943D12）。将图层样式复制到"矩形 2"图层和"矩形 3"图层，效果如图 12-23 所示。

图 12-23　添加其他二级图片

4．添加二级文字

步骤 1：选择横排文字工具 T，添加文字，字体、字号、颜色自行设置，效果如图 12-24 所示。

图 12-24　添加二级文字

步骤 2：新建图层，重命名为"地图标识"。选择钢笔工具，绘制图形，并填充棕色（#953D12），如图 12-25 所示。

图 12-25　绘制地图标识

步骤 3：双击"地图标识"图层，打开【图层样式】对话框，勾选【投影】，【不透明度】
设置为"30"，【大小】设置为"7"，【距离】设置为"2"，如图 12-26 所示。

图 12-26　添加投影

步骤 4：新建图层，重命名为"镂空圆"。选择椭圆选框工具，绘制圆形，并填充白色。
如图 12-27 所示。

图 12-27　添加圆形

12.2 任务2 制作时尚简约的播放器

广告的设计需要产生良好的视觉效果，配上经典的台词，从而使人们能够有购买欲。通过制作如图 12-28 所示的播放器，使读者了解产品设计的基本方法，熟练掌握路径的绘制及编辑，熟练应用图层样式进行图像效果的制作。

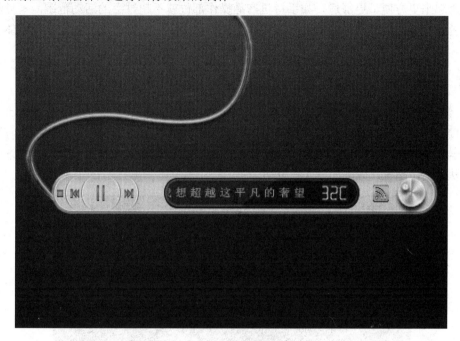

图 12-28　时尚简约播放器

12.2.1 相关知识

外观是产品留给用户的第一印象，用户无法一眼看出产品的内在质量，却能看出外观是否平整、做工是否精细，从而完成产品的整体定位。外观设计最主要的任务就是把控好市场的需求、抓住客户的心理、设计出大多数客户都能够接受的产品外观。外观设计即视觉设计，是对产品外表进行设计，反映产品的外观、性能、材料及制造技术，对产品品牌建设有最直接的影响。所以外观设计的过程中除了要考虑三维空间及造型的优美程度外，还要考虑适合产品推广的风格、企业的产品路线等。在产品设计过程中，要考虑以下几个方面。

（1）色彩

色彩通过用户的感官直接将设计师的设计信息传达给用户，对用户是否想占有产品起到根本的作用。色彩在外观设计中发挥的作用主要有保护材料和对产品造型的装饰，这不仅美化了产品外观，也美化了用户心理，所以在产品外观设计过程中，要采用灵活多样的色彩组合设计，使用户对一款产品有更多的选择，从而增加产品的市场竞争力。

（2）形态

产品外观设计的核心是产品的形态美设计，是产品设计师在系统地进行市场调研分析后，在产品外观设计精确定位的基础上开展的设计。形态要求符合以下两个方面。

① 创新性。意在表明进行外观设计时不是一味地去模仿复制，而是在科学、合理的基础上使得产品给人独特新颖的感觉，它通常在形态、材料、结构等方面进行反映。

② 体量感。产品外观设计的出发点是人机工程学，它强调产品必须符合用户的要求，让用户使用起来更方便、更舒适，如手持机产品操作部位就不超过手的活动范围，一旦超过范围使用者就不能舒适地使用。此外，在产品形态设计中还应强调产品的稳定性及整体美观度等问题。

12.2.2 实施步骤

1. 制作机身

步骤 1：执行【文件】|【新建】命令，自行设置文件大小，选择渐变工具，打开【渐变编辑器】，编辑黑色（#000000）—灰色（#666666）的渐变，渐变类型设置为线性渐变，在画布上从上往下拖拉，效果如图 12-29 所示。

图 12-29　制作背景

步骤 2：单击创建新组按钮，将组重命名为"机身"。选择圆角矩形工具，选择工具模式为"形状"，【半径】设置为"20 像素"，【填充】设置为"15%灰"，在画布中绘制圆角矩形，效果如图 12-30 所示。

图 12-30　绘制圆角矩形

步骤 3：将"圆角矩形 1"图层拖动到创建新图层按钮 □ 上，生成"圆角矩形 1 拷贝"图层，图层【填充】设置为"0%"，如图 12-31 所示。

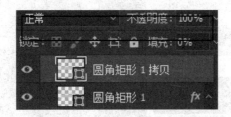

图 12-31 复制图层

步骤 4：双击"圆角矩形 1"图层，打开【图层样式】对话框，勾选【描边】，【大小】设置为"2"，【颜色】设置为灰色（#9E9E9E），勾选【斜面和浮雕】，【样式】设置为"描边浮雕"，【大小】设置为"6"，【角度】设置为"90"，阴影模式下【不透明度】设置为"0%"。勾选【内阴影】，【阴影颜色】设置为#828282，【不透明度】设置为"30"，【角度】设置为"90"，【距离】设置为"5"，【大小】设置为"10"。效果如图 12-32 所示。

图 12-32 为"圆角矩形 1"图层添加图层样式

步骤 5：双击"圆角矩形 1 拷贝"图层，打开【图层样式】对话框，勾选【斜面和浮雕】，【样式】设置为"描边浮雕"，【大小】设置为"6"，【角度】设置为"90"，阴影模式下的【不透明度】设置为"0%"。勾选【描边】，【大小】设置为"1"，【颜色】设置为灰色（#A1A1A1）。勾选【内发光】，【混合模式】设置为"滤色"，【不透明度】设置为"70"，【阻塞】设置为"100"，【大小】设置为"2"。效果如图 12-33 所示。

图 12-33 为"圆角矩形 1 拷贝"图层添加图层样式

步骤 6：将"圆角矩形 1 拷贝"图层拖动到创建新图层按钮 □ 上，生成"圆角矩形 1 拷贝 2"图层。选择直接选择工具 ▲，框选路径右侧的节点，按下 Shift 键，向左移动，修改对象的大小，如图 12-24（a）所示，调整其位置，如图 12-34（b）所示，【图层】面板如图 12-34（c）所示。

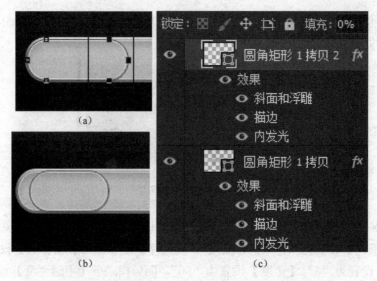

图 12-34　调整拷贝 2 图层中圆角矩形大小及位置

步骤 7：复制形状图层"圆角矩形 1 拷贝 2"得到"圆角矩形 1 拷贝 3"，同样调整其大小及位置，如图 12-35 所示。

图 12-35　调整拷贝 3 图层中圆角矩形大小及位置

步骤 8：选择矩形选框工具 ，【羽化】设置为"3 像素"，创建如图 12-36 所示的选区。单击添加图层蒙版按钮 ，为形状图层"圆角矩形 1 拷贝 3"添加图层蒙版，效果如图 12-37 所示。

图 12-36　创建矩形选区

图 12-37　添加图层蒙版

步骤 9：双击图层，打开【图层样式】对话框，勾选【图层蒙版隐藏效果】，如图 12-38 所示。

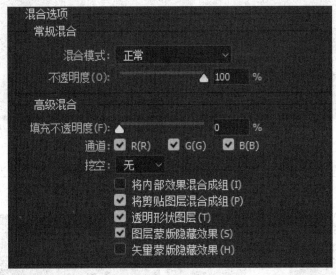

图 12-38 修改图层混合选项

步骤 10：为形状图层"圆角矩形 1 拷贝 2"重复步骤 8～步骤 9 的操作，效果如图 12-39 所示。

图 12-39 为"圆角矩形 1 拷贝 2"添加图层蒙版

步骤 11：选择圆角矩形工具 ，选择工具模式为"形状"，【填充】设置为"黑色"，绘制圆角矩形，如图 12-40 所示。

图 12-40 绘制圆角矩形

步骤 12：双击形状图层"圆角矩形 2"，打开【图层样式】对话框，勾选【投影】，【不透明度】设置为"100"，【角度】设置为"90"，【距离】设置为"2"，【大小】设置为"0"，如图 12-41 所示。

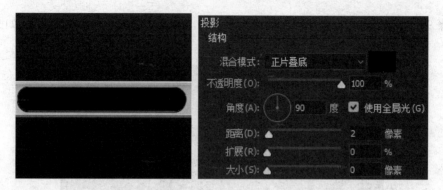

图 12-41　为"圆角矩形 2"图层添加投影

步骤 13：勾选【图案叠加】，【不透明度】设置为"20"，【图案】设置为"灰色花岗岩花纹纸"，参数设置及效果如图 12-42 所示。

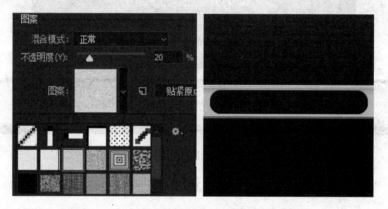

图 12-42　为"圆角矩形 2"图层添加图案叠加

步骤 14：勾选【内发光】，【不透明度】设置为"30"，发光颜色设置为白色（#FCFCFC），【大小】设置为"2"，参数设置及效果如图 12-43 所示。

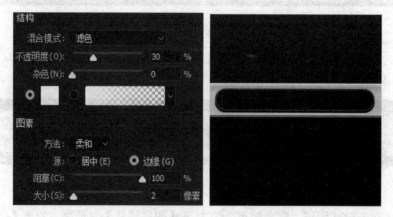

图 12-43　为"圆角矩形 2"图层添加内发光

步骤 15：勾选【描边】，【大小】设置为"1"，颜色设置为黑色。参数设置及效果如图 12-44 所示。

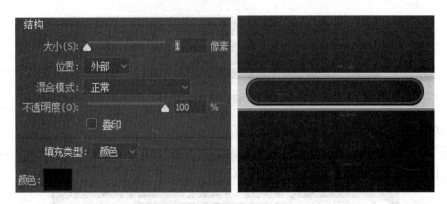

图 12-44　为"圆角矩形 2"图层添加描边

步骤 16：勾选【渐变叠加】，【不透明度】为设置为"100"，【角度】设置为"125"，【样式】为"线性"，打开【渐变编辑器】，编辑渐变，如图 12-45 所示。效果如图 12-46 所示。

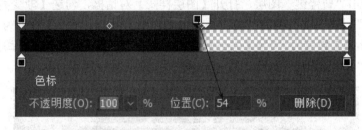

图 12-45　为"圆角矩形 2"图层添加渐变叠加

图 12-46　添加渐变叠加后的效果

步骤 17：选择横排文字工具，输入"我想超越这平凡的奢望"。【颜色】设置为#20E8FA。使用图层蒙版制作出如图 12-47 所示的效果。

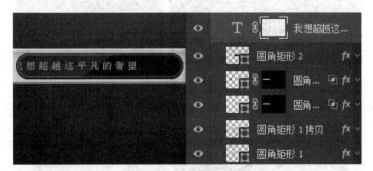

图 12-47　制作歌词

步骤 18：打开素材"1.png"，将其复制到机身上，调整其大小及位置，如图 12-48 所示。

图 12-48　制作数字

2. 制作按键

步骤 1：单击创建新组按钮█，将组重命名为"暂停键"。新建图层"暂停键"，选择矩形选框工具█，绘制矩形，填充灰色（#CCCCCC），如图 12-49 所示。

图 12-49　绘制矩形暂停键

步骤 2：双击"暂停键"图层，打开【图层样式】对话框，勾选【渐变叠加】，【不透明度】设置为"15"，【缩放】设置为"40"。勾选【内阴影】，【不透明度】设置为"50"，【距离】设置为"2"，【阻塞】设置为"0"，【大小】设置为"3"。勾选【投影】，【距离】设置为"1"，【扩展】设置为"100"，【大小】设置为"0"。效果如图 12-50 所示。

图 12-50　为"暂停键"图层添加图层样式

步骤 3：将"暂停键"图层复制为"暂停键拷贝"图层，调整其大小和位置，如图 12-51 所示。

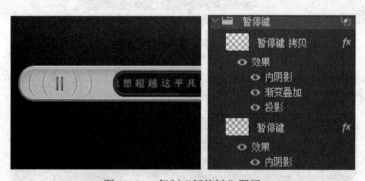

图 12-51　复制"暂停键"图层

步骤 4：同样方法制作其他按键，并编组，如图 12-52 所示。

图 12-52　制作前进键和后退键

3．制作按钮

步骤 1：单击创建新组按钮 █ ，将组重命名为"按钮"。新建图层"圆形按钮"，选择椭圆选框工具 ⬭ ，绘制圆形按钮，填充颜色自定义。如图 12-53 所示。

图 12-53　绘制圆形按钮

步骤 2：双击"圆形按钮"图层，打开【图层样式】对话框，勾选【渐变叠加】，设置灰色（#B6B6B6）至白色（#F1F1F1）的线性渐变，【角度】设置为"90"，如图 12-54 所示。

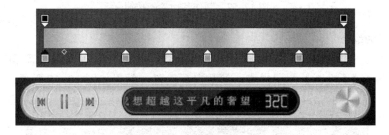

图 12-54　为"圆形按钮"图层添加渐变叠加

步骤 3：继续勾选【描边】【内发光】和【投影】，参数设置及效果如图 12-55 所示。

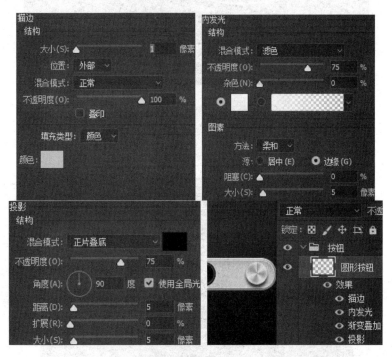

图 12-55　为"圆形按钮"图层添加其他图层样式

步骤 4：将"圆形按钮"图层复制为"圆形按钮拷贝"图层，将其重命名为"圆形按钮开关"。调整其大小和位置，如图 12-56 所示。

图 12-56　制作圆形按钮开关

步骤 5：同理，可增加其他功能按钮，如图 12-57 所示。

图 12-57　制作其他功能按钮

4．制作其他部分

步骤 1：新建图层"挂绳"，选择画笔工具　，绘制挂绳。添加【斜面和浮雕】【描边】【内阴影】【外发光】【投影】图层样式，参数自行设置，效果如图 12-58 所示。

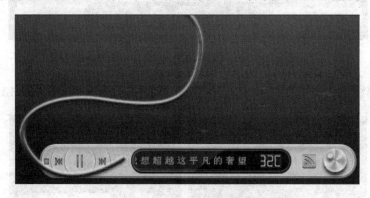

图 12-58　绘制挂绳

步骤 2：为"挂绳"图层添加图层蒙版，设置合适的画笔大小及硬度，编辑蒙版，如图 12-59 所示。

图 12-59　编辑蒙版

12.3 任务3 制作铁观音茶包装

产品的外观包装是销售的保证，制作图片精美的外形包装成了商家们推销自身产品，争夺市场的焦点。而对于设计者来说，在包装上必须包含足够的信息量，颜色的选取需要细心，另外不要忘记把必须的标记添加到合适的位置上。

通过制作如图 12-60 所示的铁观音茶包装，使读者了解产品包装的一般设计思路，掌握产品包装设计中色彩的运用、图案的选择及运用，能够利用 Photoshop 完成产品包装图的设计与制作。

图 12-60 铁观音包装

12.3.1 相关知识

茶叶包装设计有以下三大原则。

1. 茶包装袋设计中要考虑文化因素

文化是人类历史实践过程中所创造的物质财富和精神财富的总和。茶文化的历史在我国源远流长。早在唐朝，我国就已开创了世界上最早的茶学，茶逐渐超出了作为饮品的范畴，融入了悠久灿烂的中华文明，成为中华文化不可或缺的部分。因此在进行茶包装袋设计的过程中，要充分考虑文化的因素。

2. 茶包装设计对茶叶信息传达要准确

茶叶包装是茶叶在流通、销售领域中保证质量的关键，一个精美别致的茶包装袋设计，不仅能给人以美的享受，而且在销售方式改变迅速的今天，能直接刺激消费者的购买欲望，从而达到促进销售的目的，起到无声售货员的作用。因此，在进行茶叶包装设计的过程中，除了考虑吸引消费者的眼球外，还需要准确地传达茶叶的信息。茶叶包装必须传达各种茶商品的最基本信息。茶叶包装设计必须符合我国《茶叶包装》的有关规定，包装的标志要醒目、整齐、清晰，要有完整的标签，要在包装中标明茶叶的品名、生产厂家、地址、生产日期和批号、保质期、等级、净重、商标、产品标准代号等信息。让消费者能对茶叶有较为详细的了解。

3. 茶包装袋设计要体现环保意识

茶叶生在自然，长在自然，汲取天地之甘露，吸纳万物之灵气，是一种绿色饮品。所以，我们在为茶叶这种商品进行包装设计时，也要传承茶叶的这种"绿色"气质，也要在包装设计中尽可能地体现"绿色"意识，即环保意识。

本节设计的是茶包装——茶袋、茶盒、茶小盒，中国茶文化源远流长，设计色彩要体现出深厚的文化底蕴，外形更要沉稳大方。因此选取厚重的蓝色为主色调，再搭配高贵的金色及其他的素材进行设计制作。在制作过程中，注意外形包装上的明暗分界线，以达到更好的视觉效果。

12.3.2　实施步骤

步骤 1：新建文件，大小为 29.7 厘米×21 厘米，背景自定义。

步骤 2：选择渐变工具，编辑从灰色（#9E9E9E）至白色（#FFFFFF）的渐变，在背景图层上从上往下拖动，填充线性渐变，效果如图 12-61 所示。

图 12-61　背景制作

步骤 3：新建图层"手袋背景"，选择矩形选框工具，在画布中心绘制矩形。选择渐变工具，编辑从深蓝色（#031548）至蓝色（#061163）的渐变，沿对角线拖拉线性渐变，如图 12-62 所示。

步骤 4：打开"花纹.png"，将其复制到"花纹图层"，并调整其位置。选择直排文字工具，输入手袋上的文字，自行添加图层样式，如图 12-63 所示。

图 12-62　渐变填充

图 12-63　添加文字和图案

步骤 5：选中除背景图层外的其他图层，单击创建新组按钮▢，将图层编组，将组重命名为"手袋平面图"。

步骤 6：隐藏背景图层，选中"手袋平面图"组，按下 Shift+Ctrl+Alt+ E 键，盖印图层，将图层重命名为：手袋平面。

步骤 7：执行【编辑】|【变换】|【扭曲】命令，将手袋平面扭曲，制作成立体图的侧面，

效果如图 12-64 所示。

图 12-64　制作手袋侧面

步骤 8：制作斜面。选择钢笔工具 ，绘制路径。将路径填充蓝色（#000852），如图 12-65 所示。

步骤 9：同上用钢笔工具绘制路径，将路径填充蓝色（#00063A），如图 12-66 所示。

图 12-65　绘制斜面路径 1　　　　　　　　图 12-66　绘制斜面路径 2

步骤 10：新建图层"手提绳"。选择钢笔工具 ，绘制手袋上的手提绳，并填充灰色（#CCCCCC），如图 12-67 所示。

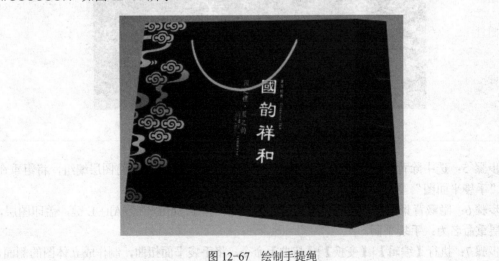

图 12-67　绘制手提绳

步骤 11：双击"手提绳"图层，打开【图层样式】对话框，勾选【斜面和浮雕】，【样式】设置为"内斜面"，【大小】设置为"5"，如图 12-68 所示。

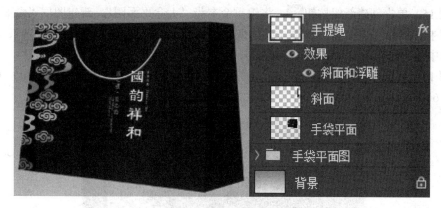

图 12-68 为"手提绳"图层添加图层样式

步骤 12：新建图层"绳孔"。选择画笔工具，前景色设为黑色，设置合适的画笔大小和硬度，绘制绳孔。如图 12-69 所示。

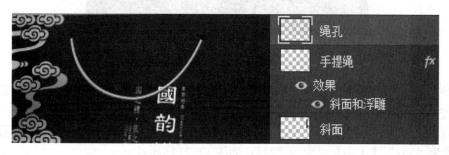

图 12-69 绘制绳孔

步骤 13：新建图层"绳穗"。将素材"绳穗.png"复制到"绳穗"图层，调整其大小及位置。双击图层，打开【图层样式】对话框，勾选【渐变叠加】，【渐变】设置为灰色（#D7D7D7）至白色（#FFFFFF），如图 12-70 所示。

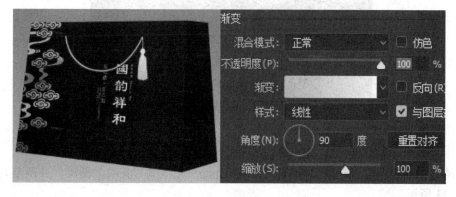

图 12-70 制作绳穗

步骤 14：选中 "手袋平面"图层、"斜面"图层、"手提绳"图层、"绳孔"图层、"绳穗"图层，单击创建新组按钮▭，将图层编组，将组重命名为"手袋立体图"。

步骤 15：单击创建新组按钮▭，将组重命名为"大盒平面图"。新建图层"盒面"，选择矩形选框工具▣，绘制矩形，按图 12-62 所示编辑并填充线性渐变。选择矩形选框工具▣，在大矩形中抠出小矩形。

步骤 16：双击"盒面"图层，打开【图层样式】对话框，勾选【斜面和浮雕】，【深度】设置为"61"，【大小】设置为"84"。效果如图 12-71 所示。

图 12-71　制作盒面

步骤 17：制作盒面的边沿。新建图层"盒面边沿"。选择矩形工具▭，绘制路径，前景色设置为黑色（#000000），设置合适的画笔大小，单击【路径】面板中的用画笔描边路径按钮●。

步骤 18：双击"盒面边沿"图层，打开【图层样式】对话框，勾选【斜面和浮雕】，【深度】设置为"341"，【大小】设置为"21"，如图 12-72 所示。

图 12-72　制作盒面边沿

步骤 19：新建图层"花纹"，把素材"花纹.png"复制到"花纹"图层，并调整其位置，如图 12-73 所示。

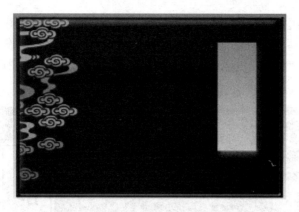

图 12-73 制作花纹

步骤 20：新建图层"镂空矩形"，选择矩形选框工具 ，绘制矩形，填充线性渐变（#FFFFFF——#AFAFAF），如图 12-74 所示。

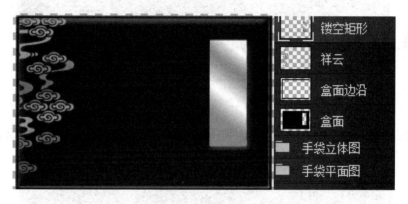

图 12-74 制作镂空矩形

步骤 21：选择直排文字工具 ，输入文字"国韵祥和"，自行添加图层样式，如图 12-75 所示。

图 12-75 添加文字

　　步骤 22：新建图层"曲线"。将素材"曲线.png"复制到"曲线"图层，放到合适的位置。双击图层，打开【图层样式】对话框，勾选【斜面和浮雕】，【深度】设置为"291"，【大小】设置为"13"。将素材"曲线 2.png"复制到"曲线"图层的上方，并将图层重命名为"曲线 1"。如图 12-76 所示。

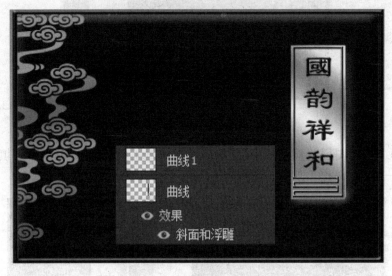

图 12-76　制作曲线

　　步骤 23：选择直排文字工具**T**，输入如图 12-77 所示的文字，添加图层样式【渐变叠加】，【渐变】颜色分别为# F2950F、# C9A262。

图 12-77　添加文字

　　步骤 24：添加其他的文字和素材，效果如图 12-78 所示。

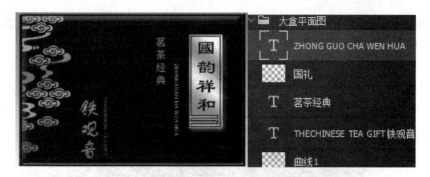

图 12-78 添加其他文字

步骤 25：隐藏其他图层，只显示"大盒平面图"组，选中该组，按下 Shift+Ctrl+Alt+E 键，盖印图层。将盖印生成的图层，重命名为"大盒平面"。

步骤 26：单击创建新组按钮▢，将组重命名为"大盒立体图"。将"大盒平面"图层移动到该组中。

步骤 27：选中"大盒平面"图层，执行【编辑】|【变换】|【扭曲】命令，如图 12-79 所示。

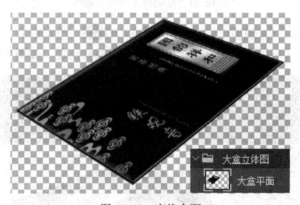

图 12-79 变换盒面

步骤 28：新建图层"分割线 1"。选择钢笔工具▢，绘制如图 12-80 所示的路径，并填充颜色#838383。

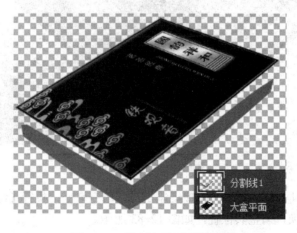

图 12-80 绘制盒子侧面分割线

步骤 29：新建图层"分割线 2"。选择钢笔工具 ⬭，绘制如图 12-81 所示的路径，并填充颜色#4F4D4D。

图 12-81　绘制盒子侧面分割线

步骤 30：新建图层"右侧面"。选择矩形选框工具 ▢，绘制矩形，并填充线性渐变，执行【编辑】|【变换】|【斜切】命令，将矩形变换，调整其位置，如图 12-82 所示。

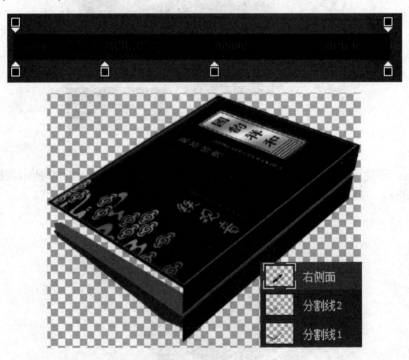

图 12-82　制作右侧面

步骤 31：新建图层"左侧面"。同理绘制矩形，填充渐变，执行【编辑】|【变换】|【斜切】命令，将矩形变换，调整其位置，如图 12-83 所示。

图 12-83　制作右侧面

步骤 32：小盒的制作方法与大盒类似，读者可自行制作。可多次复制小盒，调整位置，最终效果如图 12-84 所示。

图 12-84　最终效果

小结

Photshop 提供了强大的图像编辑和处理功能，广泛应用于出版印刷、海报设计、广告设计、包装设计、网页设计等领域，本章通过三个任务，向读者介绍了海报设计、产品设计及包装设计的基本思路，通过本章的学习，使读者能够综合运用 Photoshop 的知识。

习题 12

一、填空题

1. 要将当前图层与下一图层合并，可以按下_____键。

2. _____图层样式，可以在图层内容上填充一种渐变颜色。

3. 选择一种填充图层的类型后，Photoshop 会根据所选的填充图层类型的不同，分别出现_____、_____和_____三种方式。

4. _____图层是一个不透明的图层，用户不能对它进行图层不透明度、图层混合模式和图层填充颜色的调整。

二、选择题

1. 在 Photoshop 中，以下说法正确的是（　　）。

    A. 向下合并能将上层的图像合并到背景图层

    B. 合并可见图层能将所有图层合并成一个背景图层

    C. 合并图像能将所有可见图层合并成一个背景图层

    D. 合并图层能将所有可见图层合并成一个背景图层

2. 在"图层样式"对话框中，用来设置内阴影强度的参数是（　　）。

    A. 扩展　　　　　　B. 阻塞　　　　　　　C. 距离　　　　　　D. 大小

3. 将选区内的图像复制生成一个新的图层，需要选择【图层】|【新建】|【通过拷贝的图层】命令或按下（　　）键。

    A. Ctrl+J　　　　　B. Shift+Ctrl+J　　　　C. Shift+J　　　　D. Ctrl+Alt+J

4. 下图使用的图层样式为（　　）。

怒放的生命

    A. 斜面和浮雕　　　B. 光泽　　　　　　C. 投影　　　　　　D. 外发光

5. 下列说法错误的是（　　）。

    A. 图层不透明度为 100% 时，图层将完全不覆盖下面的图层

    B. "叠加"模式将上下两个图层重叠位置的像素颜色进行复合或过滤，保留原色的亮度或暗度

    C. "柔光"模式下如果上层图像比 50% 灰色亮，将采用变亮模式，使图像变亮

    D. 颜色模式对于给单色图像上色或给彩色图像去色都非常有用

三、操作题

1. 利用钢笔工具、自由变换和扭曲命令、添加图层样式等完成如图 12-85 所示的包装的制作。

图 12-85 包装制作

2．利用形状工具、色调色彩调整和扭曲命令、添加图层样式等完成如图 12-86 所示的宣传海报的制作。

图 12-86 宣传海报

附录 Photoshop 快捷键索引

1. 常用快捷键

快捷键	功能	快捷键	功能
Ctrl+A	全选	Ctrl+D	取消选择
Shift+Ctrl+D	恢复选择	Ctrl+X	剪切
Ctrl+C	复制	Ctrl+V	粘贴
Shift+Ctrl+I	反选	Ctrl+T	自由变换
Shift+Ctrl+T	重复上一步的变换和程度	Ctrl+Alt+D	羽化调节
Ctrl+L	水平调节	Ctrl+M	曲线调节
Ctrl+B	色彩平衡调节	Ctrl+U	色饱和度调节
Shift+Ctrl+U	图像变黑白	Ctrl+E	向下合并图层
Shift+Ctrl+E	合并可见图层	Ctrl+0	满画布显示
Ctrl++	放大显示	Ctrl+-	缩小显示
Ctrl+鼠标左键	图像移动工具	空格键+鼠标左键	手形工具
Tab	隐藏、显示控制面板	Esc	取消

2. 工具箱（多种工具共用一个快捷键的，可同时按 Shift 加此快捷键选取）

快捷键	功能	快捷键	功能
M	矩形、椭圆选框工具	C	裁剪工具
V	移动工具	L	套索、多边形套索、磁性套索
W	魔棒工具	J	喷枪工具
B	画笔工具	S	仿制图章、图案图章
Y	历史记录画笔工具	E	橡皮擦工具
N	铅笔、直线工具	R	模糊、锐化、涂抹工具
O	减淡、加深、海棉工具	P	钢笔、自由钢笔、磁性钢笔
+	添加锚点工具	-	删除锚点工具
A	直接选取工具	T	文字、文字蒙版、直排文字、直排文字蒙版
U	度量工具	G	直线渐变、径向渐变、对称渐变、角度渐变、菱形渐变
K	油漆桶工具	I	吸管、颜色取样器
H	抓手工具	Z	缩放工具
D	默认前景色和背景色	X	切换前景色和背景色
Q	切换标准模式和快速蒙版模式	F	标准屏幕模式、带有菜单栏的全屏模式、全屏模式
Ctrl	临时使用移动工具	Alt	临时使用吸色工具
空格	临时使用抓手工具	Enter	打开工具选项面板
[或]	循环选择画笔	Shift+[	选择第一个画笔
Shift+]	选择最后一个画笔	Ctrl+N	建立新渐变(在"渐变编辑器"中)

3．文件操作

快捷键	功能	快捷键	功能
Ctrl+N	新建图像文件	Ctrl+Alt+N	用默认设置创建新文件
Ctrl+O	打开已有的图像	Ctrl+Alt+O	打开为…
Ctrl+W	关闭当前图像	Ctrl+S	保存当前图像
Shift+Ctrl+S	另存为…	Ctrl+Alt+S	存储副本
Shift+Ctrl+P	页面设置	Ctrl+P	打印
Ctrl+K	打开"预置"对话框	Ctrl+Alt+K	显示最后一次"预置"对话框

4．编辑操作

快捷键	功能	快捷键	功能
Ctrl+Z	还原/重做前一步操作	Ctrl+Alt+Z	还原两步以上操作
Shift+Ctrl+Z	重做两步以上操作	Ctrl+X 或 F2	剪切选取的图像或路径
Ctrl+C	拷贝选取的图像或路径	Shift+Ctrl+C	合并拷贝
Shift+Ctrl+U	去色	Ctrl+I	反相
Ctrl+T	自由变换	Shift+Ctrl+V	将剪贴板的内容粘到选框中
Ctrl+V 或 F4	将剪贴板的内容粘到当前图形中	Enter	应用自由变换（在自由变换模式下）
Ctrl+5	只调整蓝色（在色相/饱和度"对话框中）	Ctrl+6	只调整洋红（在色相/饱和度"对话框中）

5．图层操作

快捷键	功能	快捷键	功能
Shift+Ctrl+N	从对话框新建一个图层	Shift+Ctrl+Alt+N	以默认选项建立一个新的图层
Ctrl+J	通过拷贝建立一个图层	Shift+Ctrl+J	通过剪切建立一个图层
Ctrl+G	与前一图层编组	Shift+Ctrl+G	取消编组
Ctrl+E	向下合并	Shift+Ctrl+E	合并可见图层
Ctrl+Alt+E	盖印或盖印联接图层	Shift+Ctrl+Alt+E	盖印可见图层
Ctrl+[	将当前层下移一层	Ctrl+]	将当前层上移一层
Shift+Ctrl+[	将当前层移到最下面	Shift+Ctrl+]	将当前层移到最上面
Alt+[	激活下一个图层	Alt+]	激活上一个图层
Shift+Alt+[	激活底部图层	Shift+Alt+]	激活顶部图层

6．图层混合模式

快捷键	功能	快捷键	功能
Alt+-或+	循环选择混合模式	Ctrl+Alt+N	正常
Ctrl+Alt+L	阈值（位图模式）	Ctrl+Alt+I	溶解
Ctrl+Alt+Q	背后	Ctrl+Alt+R	清除
Ctrl+Alt+M	正片叠底	Ctrl+Alt+S	屏幕
Ctrl+Alt+O	叠加	Ctrl+Alt+F	柔光
Ctrl+Alt+H	强光	Ctrl+Alt+D	颜色减淡
Ctrl+Alt+B	颜色加深	Ctrl+Alt+K	变暗
Ctrl+Alt+G	变亮	Ctrl+Alt+E	差值
Ctrl+Alt+X	排除	Ctrl+Alt+U	色相
Ctrl+Alt+T	饱和度	Ctrl+Alt+C	颜色
Ctrl+Alt+Y	光度		

7. 选择功能

快捷键	功能	快捷键	功能
Ctrl+A	全部选取	Ctrl+D	取消选择
Shift+Ctrl+D	重新选择	Ctrl+Alt+D	羽化选择
Shift+Ctrl+I	反向选择	Ctrl+点按图层、路径、通道面板中的缩略图	载入选区

8. 滤镜

快捷键	功能	快捷键	功能
Ctrl+F	按上次的参数再做一次上次的滤镜	Shift+Ctrl+F	退去上次所做滤镜的效果
Ctrl+Alt+F	重复上次所做的滤镜（可调参数）		

9. 视图操作

快捷键	功能	快捷键	功能
Ctrl+~	显示彩色通道	Ctrl+数字	显示单色通道
~	显示复合通道	Ctrl+Y	以 CMYK 方式预览（开关）
Shift+Ctrl+Y	打开/关闭色域警告	Ctrl++	放大视图
Ctrl+-	缩小视图	Ctrl+0	满画布显示
Ctrl+Alt+0	实际像素显示	PageUp	向上卷动一屏
PageDown	向下卷动一屏	Ctrl+PageUp	向左卷动一屏
Ctrl+PageDown	向右卷动一屏	Shift+PageUp	向上卷动 10 个单位
Shift+PageDown	向下卷动 10 个单位	Shift+Ctrl+PageUp	向左卷动 10 个单位
Shift+Ctrl+PageDown	向右卷动 10 个单位	Home	将视图移到左上角
End	将视图移到右下角	Ctrl+H	显示/隐藏选择区域
Shift+Ctrl+H	显示/隐藏路径	Ctrl+R	显示/隐藏标尺
Ctrl+;	显示/隐藏参考线	Ctrl+"	显示/隐藏网格
Shift+Ctrl+;	贴紧参考线	Ctrl+Alt+;	锁定参考线
Shift+Ctrl+"	贴紧网格	F5	显示/隐藏"画笔"面板
F6	显示/隐藏"颜色"面板	F7	显示/隐藏"图层"面板
F8	显示/隐藏"信息"面板	F9	显示/隐藏"动作"面板
TAB	显示/隐藏所有命令面板	Shift+TAB	显示或隐藏工具箱以外的所有面板

10. 文字处理（在【文字工具】对话框中）

快捷键	功能	快捷键	功能
Shift+Ctrl+L	左对齐或顶对齐	Shift+Ctrl+C	中对齐
Shift+Ctrl+R	右对齐或底对齐	Shift+←/→	左 / 右选择 1 个字符
Shift+↑/↓	下 / 上选择 1 行	Ctrl+A	选择所有字符
Shift 加点按	选择从插入点到鼠标点按点的字符	←/→	左 / 右移动 1 个字符
↑/↓	下 / 上移动 1 行	Ctrl+←/→	左 / 右移动 1 个字
Shift+Ctrl+<	将所选文本的文字大小减小 2 点像素	Shift+Ctrl+>	将所选文本的文字大小增大 2 点像素
Shift+Ctrl+Alt+<	将所选文本的文字大小减小 10 点像素	Shift+Ctrl+Alt+>	将所选文本的文字大小增大 10 点像素
Alt+↓	将行距减小 2 点像素	Alt+↑	将行距增大 2 点像素
Shift+Alt+↓	将基线位移减小 2 点像素	Shift+Alt+↑	将基线位移增加 2 点像素
Alt+←	将字距微调或字距调整减小 20/1000ems	Alt+→	将字距微调或字距调整增加 20/1000ems
Ctrl+Alt+←	将字距微调或字距调整减小 100/1000ems	Ctrl+Alt+→	将字距微调或字距调整增加 100/1000ems

参 考 文 献

[1] 数字艺术教育研究室. 中文版 Photoshop CC 基础培训教程. 北京：人民邮电出版社，2016.

[2] 曾俊蓉. 中文版 Photoshop CC 平面设计实用教程. 北京：人民邮电出版社，2017.

[3] 创锐设计. Photoshop CC 摄影后期专业技法. 北京：人民邮电出版社，2014.

[4] 张松波. 神奇的中文版 Photoshop 2017 入门书. 北京：清华大学出版社，2017.

[5] 亿瑞设计. Photoshop 从入门到精通. 北京：清华大学出版社，2017.